纺织服装高等教育"十三五"部委级规划教材

服装驳样技术

阎玉秀 等 编著

东华大学 出版社

·上海·

内 容 简 介

"服装样板技术"是服装艺术设计及服装设计与工程专业的一门主干专业课,其中必不可少的环节就是"服装驳样技术"。本教材将单纯的实物驳样进行拓展,将图片驳样与实物驳样合并,形成了系统的样板设计技术。本课程的目的是让学生熟悉服装样板设计的理论知识与工艺技术,掌握根据实物样衣和款式图片进行准确打样的技术。

本书首先介绍驳样技术的概念与要求,并提出了两种常用驳样方法。然后先学习理论性较强,与结构设计较为接近的图片驳样,而操作性强、需要有一定结构设计基础的实物驳样放在后面学习,使得学习有个顺序渐进的过程。并通过常用大量的实际案例,学习与掌握实物驳样与图片驳样的操作方法与技巧。

本书针对性强,重点突出,图文并茂,通俗易懂,理论与实际相结合。既可以作为高等院校服装专业的教材,也可以作为服装从业人员的参考资料。

图书在版编目(CIP)数据

服装驳样技术/阎玉秀编著. —上海:东华大学出版社,2017.6
ISBN 978 - 7 - 5669 - 1202 - 2

Ⅰ.①服… Ⅱ.①阎… Ⅲ.①服装量裁 Ⅳ.①TS941.631

中国版本图书馆 CIP 数据核字(2017)第 054314 号

服装驳样技术
Fuzhuang Boyang Jishu

编著/阎玉秀 等
责任编辑/杜亚玲
封面设计/金 晶
出版发行/东华大学出版社
上海市延安西路 1882 号
邮政编码:200051
出版社网址/http://www.dhupress.net
天猫旗舰店/http://dhdx.tmall.com
经销/全国新华书店
印刷/上海盛通时代印刷有限公司
开本/787mm×1092mm 1/16
印张/11.75 字数/300 千字
版次/2017 年 6 月第 1 版
印次/2017 年 6 月第 1 次印刷
书号/ISBN 978-7-5669-1202-2
定价/38.00 元

前　言

　　随着服装业的飞速发展,服装企业已不能一味地采用薄利多销、贴牌加工的经营模式,逐渐转为品牌自主经营的方式。所以对服装设计工作者的要求也越来越高,不仅要求服装设计师能设计效果图、设计板样,还需要能学习其它更加优秀的设计师的作品,进行服装结构研究。根据客户提供的图片或实物样品进行成衣化生产或单件定制,这就是驳样技术。目前,我国绝大多数的服装企业自主开发能力较为薄弱,为了在短时间内可以跟上时尚的潮流,从驳样的过程中可以学到较多的结构设计知识和新工艺技术,短时间内可以迅速提高学生和企业相关技术人员的制板技术。驳样制作就成了国内大多数服装企业的选择,其地位和作用也就显得尤为重要。

　　由于服装驳样技术是指在没有原样板的情况下,根据服装成品或图片将其原有的结构样板进行呈现的技术。驳样技术的评价就在于运用驳出的样板,采用相同或相似的面料进行缝合,观察最后制作出的成品其外观造型、内部结构线条、零部件设置、成品规格尺寸与零部件大小是否与原提供的服装成品或款式效果图一致或相似,所以驳样也就具有"复制"的意义。服装驳样技术不同于服装裁剪制图或服装结构设计,它是服装结构设计的延续和拓展,它比结构设计要求更严谨、更准确、更规范。为使学习内容顺序渐进,本书首先介绍驳样的基本概念与要求,并提出了驳样常用的两种方法。然后先介绍理论性较强,与结构设计较为接近的图片驳样,而操作性强、需要有一定结构设计基础的实物驳样放在后面介绍,使得没有样板基础的读者也能逐渐领会。本书通过大量的案例,分析与讲解实物驳样与图片驳样的操作方法与技巧。本书重点突出,针对性强,图文并茂,通俗易懂,理论与实际相结合。本书既可以作为高等院校服装专业的教材,也可以作为服装从业人员的参考资料。

　　本教材由浙江理工大学阎玉秀教授主编,并负责全书的统稿和修改。浙江理工大学金艳苹、台州职业技术学院卢亚萍、嘉兴职业技术学院罗晓菊任副主编。参与本书编写的主要人员还有浙江理工大学的吴佳虹、聂宇思、陈亚平、周晶晶、李立新、任达等。在本书的策划与编写过程中,编著者历经 2 年,不断讨论研究、修改完善,投入了大量的时间与精力,终于完成了本书稿。本书参考了大量国内外资料,谨此深表感谢!

　　由于编写时间仓促,水平有限,书中错误和疏漏之处在所难免,敬请专家、同行和广大读者提出批评和改进的意见,不胜感谢!

编　者

2017 年 1 月

目　录

第一章　绪论

本章提要

服装设计工作者只有通过对人体体型、服装结构进行剖析后,才能进行服装设计的构思与创作。服装驳样制作是一门研究服装结构平面分解和立体构成规律的专业课程,是当今国内服装制板的重要手段之一。

随着服装业的飞速发展,服装企业已从一味地采用薄利多销、贴牌加工的经营模式,逐渐转为品牌自主经营的方式。对服装设计工作者的要求也越来越高,不仅要求服装设计师能设计效果图,设计板样,还需要能学习其它更加优秀的设计师的作品进行服装结构研究,或根据客户提供的实物样品进行成衣化生产或单件定制,这就是驳样技术。目前,我国很多服装企业自主开发能力较为薄弱,为了在短时间内可以跟上时尚的潮流,从驳样的过程中可以学到较多的结构设计知识和新工艺技术,可以迅速提高学生和企业相关技术人员的制板技术。因此,驳样制作成为很多服装企业的选择,其地位和作用也就显得尤为重要。

学习重点

1. 服装驳样的定义与作用
2. 掌握服装驳样技术的要领
3. 服装驳样的方法与要求

第一节　服装驳样技术概述

一、服装驳样的定义

服装驳样是指在没有原结构样板与工艺参数的情况下,根据服装成品或款式图片将其原有的结构设计进行呈现的技术。评价驳样技术的好坏就在于运用驳出的样板,采用相应的面料与工艺参数进行裁剪缝纫,观察最终完成的成品其外观造型、规格尺寸与零部件大小、内部结构线条等与原提供的样品或图片一致或相似。由此可见驳样也就具有"复制"的意义。

服装驳样与服装结构设计既有相同的方面,也有各自的特点。相同的是,两者都是服装款式设计的延伸和发展,同时又是缝制工艺的基础和条件。即一方面将立体或平面造型的服装样品分解为平面结构的裁片;另一方面,又为下一道的缝制生产提供规格齐全、结构合理的系列样板与工艺参数。所以驳样在整个服装生产过程中起到了承上启下的作用。

而服装驳样又不同于服装结构设计。服装结构设计是依据服装款式图,根据人体基本尺寸结合人体工效学的要求,完成服装规格尺码的设计,然后将立体的服装分解成为平面的服装结构图。在这期间,结构设计者可进行较多的独立思考和创新意识,可以帮助修改和完善款式设计的某些不足。结构设计者也可按照自己的理解或自己的构思意图画出衣片结构的图形。评价服装结构设计的好坏是指用该服装结构图完成的服装成品,其结构设计是否合理,服装成品是否美观舒适,所以它既要准确地表达出设计者的构思意图,又可以弥补款式设计上的某些不足。服装驳样制作则是依据实物样衣或图片,复制出服装的原样板。与结构设计相比,驳样制作要求更为严谨,更为准确。驳样制作在遵照人体体型和规格尺寸的条件下,不仅要准确表达造型的轮廓、形态,还要非常准确地展现出样衣各细部的组织关系与尺寸。驳样制作者在没有被告知可以进行修改的前提下,是需要完全按照客户提供的实物来样或设计图片制作的,要尊重“原作”,绝对不能随意更改与变化。目前,服装驳样制作已成为现代服装工业生产的重要组成部分,是服装企业进行新产品开发的一个非常有效的手段,也是企业获取国内外客户订单在技术上的一个支撑。

二、驳样技术在服装工业生产中的作用

在当今经济全球化的趋势下,市场状况的多样性同样影响了服装市场,从而使得服装行业竞争日趋激烈。对服装设计工作者的要求也越来越高,不仅要求服装设计师能设计效果图、设计板样,而且能准确学习国内外优秀品牌设计师的作品,并进行服装驳样研究,或根据客户提供的实物样品进行成衣化生产或单件定制。

服装驳样在服装行业的应用已是十分广泛的,最著名的要数西班牙的 ZARA 和瑞典的 H&M。作为目前国际上两大成功的服装零售品牌,凭借着独特的营销策略在服装市场上开创了快餐时尚的新纪元。他们所共同采用的“少量、多款”的产品策略,依靠的是对明星装束或顶级服装大师作品的大量模仿与学习。

随着东南亚等第三世界国家的服装设备与基础设施的不断完善,加之这些国家廉价的劳动力成本,我国贴牌加工的优势已经越来越小。随着我国劳动力成本的不断提高,大多数服装企业已不再追求薄利多销方式,逐步走上品牌化、高附加值的发展道路。多数企业转型升级,从单纯外销转向内、外销并举,两条腿走路,而有的企业已侧重内销。随着国内消费水平提高,人们对个性化、品质化着装要求十分强烈,服装设计、制板人才需求成倍增加。由于人才的匮乏和企业自主开发能力的薄弱,服装企业在品牌创建初始阶段都不约而同的选择模仿制造,即驳样。主要方法是通过购买时装发达国家或地区的流行样品,由公司相关人员分析本销售地区消费心理和流行特征,做出生产决策。样板师按着样衣或局部修改后驳样,然后组织生产、销售。这种生产模式可以节省设计和试销成本,是企业获利的最快途径。

在现代服装品牌生产中,服装制板工艺起着决定性的作用。好的样板可以使得成衣穿着既美观又舒适。所以,样板师应具备良好的审美观、深厚的结构设计知识和工艺设计能力。而要成为一名出色的样板师的过程是漫长的,需要学习样板的基本结构原理与操作,并进行大量

的模仿,然后才能制作出满意的作品。驳样作为服装样板设计的学习,所起的就是模仿的训练过程,实践中传授服装结构的知识。样板师只有通过不断学习优秀的服装板型,从而更深刻地理解服装制板的方式方法,才能为今后服装板型的创作奠定基础。

第二节　服装驳样技术的要领

一、服装驳样技术的要求

服装服务的最终对象是人,而人的形态在一天中会发生多次的变化。服装设计师的工作不仅要使人体装扮得美观,更重要的是在最大范围内符合人体结构和运动需要,使之穿着舒适,便于活动。作为服装设计工作者,需要关注人体在相对静止状况下的三维空间形态,更需要懂得人体活动状况下的四维空间形态(即静态和动态),针对人体不同的生活需要,设计符合人体结构和运动的服装。在达到时尚美观的同时,提升人体的舒适性。因此只有通过对人体比例、结构解剖、样衣结构等的深入学习与研究,才能进行服装设计的构思与创作。

服装驳样以人体结构为基础,是研究服装结构平面分解和立体构成规律的专业课程。它不简单等同于服装裁剪制图或者服装结构设计,它是服装结构设计的延续和拓展,它比结构设计要求更严谨、更准确、更规范。通过对优秀样衣或图片的结构解剖与分析,将理论与实际相结合,更好地了解人体比例、体型和尺寸及其它们之间的关系,提高设计的准确性与美观性。

在驳样过程中,许多因素都会影响样板的准确性。比如尺码因素、造型因素等。一个优秀的驳样师除了掌握结构设计理论与技巧外,还要懂得一定生产工艺、技术标准。生产工艺是指缝制、熨烫、后整理等过程中的加工技术要求,而生产技术标准是驳样中的重要技术依据,如规格号型、档差、丝缕方向等,其中规格号型包括关键部位的尺寸与小部件尺寸等。可以说,一个好的板型离不开好的款式设计、结构设计与工艺处理。

板型的好坏还在于细节的处理。要准确驳样,不仅要把握服装的尺寸,更需要对样板设计有深刻的了解以及领会。简单来说,就是要有基础的服装样板理论知识,对服装的结构需全面的掌握,才能进入服装的驳样。

二、如何掌握服装驳样技术

服装驳样是为成衣批量生产准备的,它是样板制作的基础。作为一名优秀的驳样制作者,应具备良好的艺术修养与一定的技术水平。

1. 具备服装立体裁剪和平面结构设计的技术条件

服装驳样制作是将立体的实物样衣或图片,通过分解展开成为平面衣片的制图过程。在操作过程中,对那些外观造型立体多变的服装部位,如皱褶,波浪等,可以先采用立体裁剪的方法进行造型确认,再利用平面结构设计的方法将其转化为平面的图形。也通过立体裁剪和平面结构设计相结合的方法进行混合使用,可以使得驳样制作更准确地满足实物样品或图片在尺码规格和造型设计方面的要求。

2. 加强技术与艺术的交叉培养

服装的驳样制作是将立体的服装进行平面展开,分解成各种几何衣片。而这个平面衣片组成需要符合三方面要求:一是符合原样或原图片规格尺码的要求;二是符合原样或原图片款式造型设计要求;三是符合整体美的要求,满足人们对时尚的追求。所谓"整体美",是指服装穿在身上能给人一种赏心悦目的感觉,能让着装者和旁观者都能感受到艺术上的享受。服装驳样制作以此为目标,使得驳样所得的成衣有"整体美"的存在。虽然说驳样所得的服装造型是以实物来样或图片作为依据,但最终成品衣片的结构造型是由驳样者确定的,所以服装成品的板型还是取决于驳样者的眼力及对样衣的理解程度和自身的艺术修养。好的驳样,不仅与原设计差异甚微,而且给人留下时尚的设计品味和印象。例如一些服装关键部位的造型如领圈或领型、驳头造型、肩线造型、串口线的角度、分割衣缝的走向和定位等,有时仅仅 0.1～0.5cm 的差异,就会形成不同的视觉效果,会给人完全不一样的视觉感受。以男式西装为例,虽然其式样上变化很少,但仔细观察,仍能发觉其细微部位的变化还是非常丰富的,如驳头的宽窄与长短、串口线的角度与高低,下摆的形状等。

服装的驳样制作既是一项技术工作,更是一项艺术创造。一件完美的驳样作品是技术与艺术相结合的产物。服装的个性和风格,从某种意义上说往往出于驳样者之手。驳样者的艺术修养与服装成品造型有着举足轻重的关系。对一个驳样者来讲,应该不断加强自身的艺术修养与创新能力。应对国内、国外的服装流行趋势非常敏感,并掌握服装的流行规律,熟悉世界著名服装设计师的设计风格,使自己的观念意识与国际的动态合拍、同步。只有这样,才能成为一名合乎时代发展要求的、真正合格的服装驳样工作者。

3. 掌握人体结构与服装驳样之间的紧密联系

服装驳样以人体为中心,而人体是由头、躯干与四肢组成,它们的基本形状与尺寸是构成服装衣片的形状与大小的基础。人的大部分时间处于活动状态,而人体的活动会带来人体各体块之间关系的变化,带来人体各部位尺寸的变化。服装的放松量就是为了适应人体的变化而设置的。掌握人体各部位的活动方式与幅度,对驳样中放松量的确定有重要作用。例如人体的上、下肢有伸屈、回旋运动,躯干有弯曲、扭动运动等,这些运动都会引起人体表面长度或围度上的变化。如果这种表面尺寸是作伸长变化,则必须在该部位放一定的放松量。因此,掌握人体各种结构特点,有助于灵活准确驳样。

4. 掌握服装各部件及其相互之间的关系

服装是由衣片及其零部件组成,它们都有相应的驳样原理与方法,如领子与领圈的配合关系,袖子与袖窿的配合关系,省道驳样原理与变化规律,省道与衣片的融合,服装的廓型变化与分割理论,口袋、钮扣等的功能与其驳样等。

5. 掌握服装材料对服装驳样的影响

服装材料的种类繁多,它们有不同的外观与性能,对服装驳样的影响较大。所以对服装材料的研究,是服装驳样中不可缺少的环节。例如面料的厚度、悬垂性等不同,其服装的放松量会不同,袖子袖山头上的归缩量也会不一样,等等。

与服装驳样关系密切的服装原辅材料方面的知识有:

(1) 面辅料的缩水率等性能指标

在进行驳样前,须掌握原辅材料的性能,如面辅料的缩水率、热缩率、强度、色牢度等指标,尤其是各类纺织衣料(特别是梭织衣料)遇水和温热作用后收缩的程度。

（2）面料的经纬丝缕

① 直丝缕，整匹面料中的长度方向，也称经向丝缕。该方向面料挺拔，不易伸长变形。衣片、袖片、裤片、挂面、腰面、袋嵌线等一般选用直丝缕，以确保相关部位平服不走样。

② 横丝缕，整匹面料中的宽度方向，也称纬向丝缕。该方向略易伸长，围成圆时显得自然。

③ 斜丝缕，经纬之间，也称斜向丝缕。该方向伸缩性大并富有弹性，易弯曲伸延，适宜做有波浪效果的衣片或喇叭裙等。

（3）面辅料的质感

面辅料有各种特性，如硬挺、轻柔、质地紧密、疏松等，需要做相对应的选择。

（4）里料的种类

不同的里料具有各自不同的特性及作用，驳样工作者应该掌握各种里料的相关知识，以便在驳样时做更好的选择。

6. 掌握服装缝纫工艺知识

生产工艺是指缝制、熨烫、后整理等过程中的加工技术要求。不同的生产工艺就会影响到样板的缝份、折边大小。例如，采用不同的缝型，其样板的缝份大小也不同。

服装驳样是服装工艺设计的前道工序，好的驳样既能使得排料节省，降低材料损耗，又能便于缝纫工作，提高生产效率。而在驳样中若已了解了工厂的缝纫设备，则可以合理地决定用一些专业设备生产。与服装驳样有关的服装缝纫工艺知识主要有衣缝组合形式及专用设备与工具选择等。另外缝纫与熨烫工艺对衣片形态产生影响，各类缝型与衣片放缝大小有关，贴边、折边、缝份的预放量等都会对样板产生变化。在驳样制作时，既要做到符合款式造型和尺码规格要求，又要简化缝纫工艺方法与过程，从而便于缝纫制作，有利于工业流水线作业。服装驳样制作的裁片样板最终是要为工业化流水生产服务的，这就要求驳样制作科学合理，符合生产操作的工艺技术要求。因此，驳样制作者需要掌握服装缝纫工艺等方面的知识。

7. 准确理解样衣结构、图片造型设计意图

服装样衣与图片的构思和意图，是要通过驳样者将立体的样衣及图片设计展开，分解成平面的衣片结构，再经过缝制组合成成品以后来体现的。驳样者所画出衣片的轮廓、形态，将会直接影响成衣的效果。为此，需要对实物样衣或是设计图片反复查看、琢磨，要准确了解体会样衣与图片的构思意图，并结合当前的流行时尚、原辅材料的使用情况以及工厂的生产技术状况作出判断，并完成驳样制作。一般地讲，观察和理解样衣与图片的意图可以从以下6个方面进行：

① 对整体廓型的理解与把握。如是宽松的还是紧身合体的，肩线是平的还是倾斜的或翘的，下摆有无波浪等。

② 对收省、分割及线条的理解。人体的外形轮廓是一个复杂的曲面体，其高低起伏，不同的人体各不相同。要想把平面的材料通过剪切、分割、收省等手段，经缝合形成符合人体曲面的服装，就需要遵照人体的体型特征。如公主线的设计、领圈弧线、袖窿弧线、袖山弧线、裤子的裆缝弧线等都决定了服装的板型，而这些弧线的形态都应从人体出发，结合流行时尚确定。

③ 对附件部位的理解。如衣袋、襻、花边等的位置与大小。

④ 对重要部位形状、尺寸的理解与把控。如领子的领头形状、弯曲情况、领圈造型等。

⑤ 对面辅料的认识与感觉。不同的面辅料对造型的影响很大。

⑥ 对工艺制作的理解。如服装缝型的组合,吃势的把控,服装缝纫专用工具,缝份加放量等。

第三节　服装驳样常用方法

好的服装驳样技术才能准确获得原样衣与图片的各部位尺寸、形状,才能作为服装工业批量生产的依据。服装的驳样方法总体可分实物驳样与图片驳样两种。

一、实物驳样

实物驳样是将立体的或平面的样衣解剖展开,分解成为平面的衣片。在此过程中,应准确理解样衣的整体造型轮廓、规格尺寸,服装细部的形状、数量、组合关系等,这样经过缝纫组合成成品以后,才能达到预想的造型设计效果。因此,驳样制作者对实物来样要进行仔细的观察和分析,准确理解样衣的构思意图,表现样衣的设计要求。

（一）实物驳样观测要点

① 遵照服装整体廓型的要求:主要是指如衣身整体造型,是 H 型、A 型、T 型、X 型还是 O 型;是宽松型、较宽松型、卡腰型、较卡腰型还是极卡腰型;袖子为装袖还是连身袖,是合体袖还是宽松袖;裤子廓型是筒形裤,锥形裤还是喇叭形裤等。

② 遵照服装内部结构缝线的要求:主要指如省道的外观形态、部位、大小、个数等;分割线的走向是纵向、横向、斜向还是自由分割线等。

③ 遵照服装零部件造型的要求:如衣袋的高低,前后位置和式样,袋口的形状及尺寸,口袋有无缉明线,加袋盖或镶边等;扣襻带的位置与大小等;衣领的领窝部位造型,翻折线形状,领座造型以及驳头的宽度等;袖子的袖山,袖窿造型等。

④ 遵照服装面料质地的要求:按照服装样品质地的要求合理地选择相应的面料来制作服装。如面料的抗皱褶性、免烫性、悬垂性等外观性能,强力、耐磨性、阻燃性和抗熔性、色牢度等耐用性能,以及通透性、吸湿性、保暖性、刚柔性等舒适性能。另外要注意服装对面料的纹样图案有无特殊要求;是否有倒顺毛、倒顺花、鸳鸯条格等。服装辅料的选择也应仔细观察,如里料、衬垫材料、缝纫线、拉链、花边等。

⑤ 遵照服装缝纫工艺的要求:服装驳样者要熟知缝纫工艺方法与技巧,准确理解服装各部位的缝纫组合关系。如整件服装的缝迹、缝型组合情况、缝份和贴边等要求,以及机器设备和工具的操作是否有特殊的工艺要求等。

（二）实物驳样实测方法

服装驳样制作应当遵照实物来样的规格系列要求,不能根据主观意念进行随意的修改,因此无论是对实物样衣的主要控制部位还是非主要控制部位都要做到仔细地测量,并做好相关数据的记录。将做好的记录与客户提供的样衣技术文件进行对照,使测量的数据准确可靠,这是驳样技术的核心。

1. 服装实物样品主要控制部位的测量

样品主要控制部位的测量关系到能否准确体现服装的整体效果,其主要包括围度与长度上的尺寸。上装围度测量部位主要有胸围、腰围、领围和肩宽等;长度测量部位主要有衣长、袖长等。裤子的围度测量部位主要有腰围、臀围、裤口宽等;长度测量部位主要有裤长、上裆长、前后裆弧线等。裙子的围度测量部位主要有腰围、臀围、摆围等;长度测量部位主要有裙长、臀高等。

2. 服装实物样品非主要控制部位的测量

在一般的服装结构设计中,非主要控制部位的尺寸主要是依据主要控制部位的数据推导而来的,可以按照服装造型的需要进行灵活设计。而在服装驳样中,是不允许自行设计和更改的,对非控制部位的尺寸也要进行精确的测量。上装中的非主要控制部位有侧缝长、前后胸围大、肩宽、前胸宽、后背宽、前后横开领宽、前后直开领深、前后下摆宽、前后袖窿深、前后肩斜等。对服装各部位测量要细致有序,细节部位不能遗漏。

在测量的过程中,对于样品上难以测量准确的部位,如前后袖窿宽,前后领圈宽,前后领圈深,前后肩斜,袖窿深,裤子直裆等,可以根据其相关部位数据加以计算得到。如领深无法直接测量,可以根据衣长和门襟的长度相减来获得领深的数据。对服装实物样品上线条的斜度、曲率等可以根据一般制图的规律加以控制。

理论上讲样衣驳样比依据款式图制板要容易,因为有实物可供参照,只需依葫芦画瓢,将各部位尺寸度量准确,就可以完整的画出结构图。但其实正是有实物可以比照,差之毫厘都不算正确,况且各类服装多个部位可能无法直接测量,即使可直接测量的部位,其工艺参数也无法准确估算。因此,样衣驳样的难度无形中就加大。

驳样者要做到准确测量样衣的各部位尺码规格,包括各细部的规格和非控制部位的规格。凡是能测量和可测量的部位,都应该认真、仔细测量,并要反复核对,做好记录,然后将测量的结果与产品规格单及相关技术资料进行换算、对照,使所得数据与成品测量相符,以此作为正式驳样时的尺码数据。

(三)实物驳样分类

在服装工业生产中,服装驳样制作的方法往往依据客户的具体要求来选择。常用的服装驳样方法有实测驳样法、分解驳样法和局部驳样法。在实施驳样制作时,应当灵活运用这三种方法,无论采用哪一种方法,都应该遵照驳样的要求,特别是在对尺码规格、造型设计方面,要求更为严格准确、规范认真。同时,为了便于进行下一步的工艺生产,各类零部件的样板,衬料、里料的样板,驳样者都应该一并做出。

1. 实测驳样法

如果客户要求对整件实物样衣进行完全驳样复制,就应该以成品实物为标准,对服装每一个局部的形态、规格以及各部位之间的相对位置进行认真测量,按照测量的尺码进行驳样制作,这种方法就称之为实测驳样法。在进行实测驳样法制作时首先要对客户提供的实物来样进行仔细的观察和分析,包括服装的整体外观轮廓、衣片结构、内部结构缝线组合情况、以及服装每一个局部的形态、规格和各部位之间的相对位置都要进行认真仔细的测量,并做好记录。

由于服装造型的立体性和服装面料经纬丝缕的较难确认性,因此在将立体的服装转化为平面的纸样时,首先要确认服装的经纬丝缕。其次对服装上每一根衣缝线条的位置、斜度、曲率、走向以及长度等仔细测量,并将这些部位进行多次测量,通过对照核实之后才可作为驳样的数值依据。

2. 分解驳样法

如果服装的款式造型较为复杂,立体感较强或者要求特别精确的驳样制作,此时可将样衣缝线拆除得到独立裁片后,再进行驳样制作,这种方法就是分解驳样法。其操作方法为:第一步,拆除样衣的缝线得到独立裁片,由于日常穿着服装多为左右对称的,拆解时只要拆除半面就可以了。第二步,用熨斗将拆下的裁片熨烫平整,并按照裁片的经纬丝缕放平在纸上。第三步,用笔描下裁片的轮廓边线,并画出裁片的相关辅助线和框架画线,标注相关定点尺寸,经检查无误后再画顺裁片的整个轮廓造型。

在运用分解驳样法的制作过程中要注意的两点,一是除衣片时,防止衣片被拉伸变形,尤其注意领口、袖窿弧线,以及裤裆缝等部位应保持原形。二是在对拆解下的裁片进行描画轮廓边线时,应将裁片按照经纬丝缕放正。

3. 局部驳样法

当客户仅要求对样衣中的某一局部或某一部件进行驳样复制,而不需要其它数据时,就可以采用局部驳样法。局部驳样法主要是指对除衣身以外的主要部件的驳样,如衣领、衣袖、衣袋等部位的驳样。局部驳样法主要运用在如客户提供了两件或两件以上的实物样品,并要求将两件样品互相组合成为一个新款式的情况下。局部驳样法要求驳样制作的局部应与整件服装的其它部位相匹配,并与原样品相吻合。

二、图片驳样

服装图片驳样是指没有实物样品,按照设计师或客户提供的图片进行驳样,绘制成服装结构图,要达到得到的成品效果与设计图稿相似或一致。服装图片驳样制作是现代服装工业生产的重要组成部分之一,它是服装款式设计的延续和拓展。与服装结构设计相比,要求更严密、更准确、更规范。

三、服装驳样操作要点

服装驳样操作其要点可归纳为以下 4 个方面:

1. 理解样衣或图片内涵

理解样衣或图片款式内涵和设计意图,了解服装尺寸、式样、及所对应的消费者体型。

驳样是对样品及图片所要表达的设计含义与文化内涵理解的过程,也是对作品细化和升华的二次设计过程。在这一环节中,要对作品加工成成衣后的总体效果作明确的判断,包括结构、造型、尺寸、面辅料的匹配等。企业购买回来用于驳样的样衣通常是流行服装,是经过市场销售检验后比较成功的款式。任何一款成功的款式必然具有完整的造型和丰富的内涵,理解了样衣的内涵就抓住了核心内容,在制板中始终围绕主题促成各个部位的结构设计与之协调。因此,制板需要具有一定的审美能力、文化修养和服装生产经验。

2. 测量尺寸

针对不同的驳样对象(样衣或者设计图片)进行相对应的尺寸测量及设定。尺寸测量是驳样的核心,其准确与否直接关系到服装造型的完整性,所以测量尤其重要。图片的驳样需要与服装结构设计相结合,考虑服装消费群体体型、款式特征的同时将服装结构密切联系,确定尺码规格,然后进行制板。样衣实物驳样与图片驳样区别的地方就在于,实物驳样尺码规格的确定基本源于样衣尺寸,一般不作改动。

样衣各个部位其测量方法各有差异,直接可以测量衣长、胸围、肩宽、领围等,不能直接测量的部位有领深、领宽、袖窿深、袖山深等。裤子上很难测量的部位有直裆深、捆势、龙门等部位。如果有些部位不能直接测量,就采用间接测量方法。间接测量方法即"加减法",当一个部位无法直接测量时,可以找出与之相互联系的,且可以直接测量的两个部位,通过"加"或"减"获取这个部位的数据。例如,领的深度无法直接测量,与之相关联的部位是衣长和门襟,可以通过测量衣长和门襟长度,相减后即可获得领的深度数据。在进行尺寸测量的过程中,驳样者要保持仔细认真、一丝不苟的态度,确保样衣与成品各尺寸规格的一致性。图片驳样中,为利于流水生产操作,有时可结合常规服装结构设计方法进行操作。但如若是样衣实物驳样,应确保驳样所生产的服装与样衣实物一致。

3. 绘制结构图

结构图绘制是比较重要的一个环节,正确的制图方法和步骤是保证成品效果的基本条件。驳样的结构制图与常规制图既有区别又有联系。以女短裤为例:

① 设置各个控制部位位置。以水平线为基准,量取裤长并在结构图中设定腰围线和脚口线。从脚口线反向测量下裆缝线长度,以此数据作为横裆线依据,这是与常规制图中设置横裆线不同之处,两者恰好是相反的操作。

② 设置各个控制部位的宽度。首先在样品中找准与结构图中相应的位置测量前臀围的数据,观测前腰围的劈势并量取腰围的数据,同时在结构图中确定前腰围的两个端点。然后测量横裆数据,可以按常规方法确定其位置;脚口位置也按常规办法确定,至此前片驳样完成。在后片驳样中首先绘制一条水平线作为烫迹线,腰围线、臀围线、横裆线、中裆线、脚口线等控制部位位置与前片相同。测量后腰口、后臀围到烫迹线的距离,并在结构图中将这两点连接形成捆势线,在此线的基础上依次确定后腰围、后臀围、横裆等部位的大小。脚口按常规方法确定,最后裤后片轮廓完成。前后片轮廓完成后对照样品反复校对各个部位数据,直到没有任何误差。从前后片驳样来看,只要用正确的方法确定了横裆线、臀围线以及后片捆势线等核心位置,裤类驳样就不会有太大的误差。

③ 设计工艺参数。工艺参数是指生产过程中不可克服的损耗和差量等。主要包括面辅料的缩水率、热缩和缝制所必须的缝份、折边、折率,其中折率尤其重要。例如,肩部是斜丝缕,在缝制和熨烫中由于斜丝本身具有较强的弹性,不可避免地会伸长,使成衣肩部尺寸变大,与样品的尺寸不相符。像这样的部位随着面料的性能不同,其折率也会不同,必须通过打样测试才能准确确定。因此,在样板制作中必须将伸长或缩短的量扣除或在工艺中作出处理,这样才能制作出高质量的样板。

复习思考题

1. 服装驳样的概念与要求。
2. 服装驳样的作用及对现代服装企业的意义。
3. 要取得好的驳样,板师应掌握的技巧与要求。
4. 服装驳样方法主要有哪几个?
5. 服装驳样操作要点有哪些?

第二章　服装驳样基础知识

本章提要

　　由于个人经验及习惯的不同,技术人员在服装样板结构设计时会有不同的表达方式,而驳样制作是以结构制图的形式表现,因此在学习驳样技术之前,必须掌握一般服装结构制图的基础知识。本章介绍服装基本术语,服装驳样制图线条、符号、代号以及服装结构制图常用工具等,便于驳样技术的深入学习与交流,更有利于服装生产上的高效便利。

学习重点

　　1. 服装常见款式基本部位线条术语名称及含义
　　2. 服装驳样制图线条、符号及代号
　　3. 服装结构制图的主要工具及作用
　　4. 了解缝制和整理工具

第一节　服装基本专业术语

　　服装基本专业术语是指在服装行业经常使用的专业技术用语。它在交流、记载等过程中起到正确表达、提高效率的作用。
　　服装款式千变万化,但组成的部件名称基本相同。现以基础款女西装、西裤、裙子为例,介绍服装常用基本部位名称。

一、上装各部位线条术语名称

　　1. 衣身(图2-1-1)
覆盖于人体躯干前后部位的部件,是服装的主要部件。衣身主要由以下部件和线条组成。
　① 肩线:连接颈侧点(SNP)与肩点(SP)的线。
　② 总肩宽:指在后背处从左肩端点经后颈中点(BNP第七颈椎点)到右肩端点的长度。
　③ 领口线:前后衣身与领子缝合的部位。

④ 袖窿:前后衣身片绱袖的部位。

⑤ 侧缝:缝合前、后衣身腋下的缝子。

⑥ 门襟和里襟:门襟指上衣或裤子、裙子的开襟或开缝。通常门襟要装拉链、钮扣、拷钮、暗合扣、搭扣、魔术贴等可以帮助开合的上层;里襟是与门襟相对应的下层。按照国际惯例,男装门襟在左侧,女装门襟在右侧。

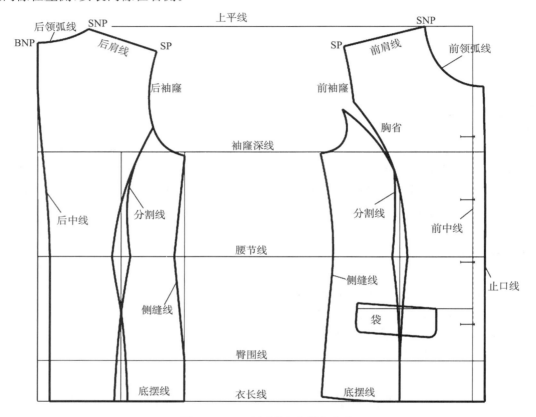

图 2-1-1　女西装衣身线条名称

⑦ 叠门:门襟、里襟需要重叠的部位。不同款式的服装其叠门量不同,常见单排扣 1.2～3.5cm、双排扣 4～10cm。一般服装衣料越厚重、使用的钮扣越大,则叠门尺寸越大。

⑧ 挂面:服装门、里襟反面的贴边。

⑨ 扣眼:钮扣的眼孔。有锁眼和滚眼两种。锁眼根据扣眼排列形状分圆头锁眼和方头锁眼。扣眼排列形状一般有纵向排列与横向排列,纵向排列时扣眼正处于人中线上,横向排列时扣眼在离人中线往止口线一侧 0.3～0.5 cm。

⑩ 省:为适合人体和造型需要,通过捏进和折叠面料边缘,让面料形成隆起或凹进,以符合人体复杂的曲面构成而做的结构设计。省由省量和省尖两部分组成,并按功能和形态进行分类。常用的省主要有肩省、领省、胸省、袖窿省、侧缝省、腰省、腋下省、腹省等。

⑪ 裥:为适合体型及造型的需要将部分衣料折叠熨烫而成,由裥面和裥底组成。裥的大小明确,不同于细碎的褶皱,按折叠的方式不同可分为 3 种:一种为左右相对折叠,两边呈活口状态的称为阴裥;另一种为左右相对折叠,中间呈活口状态称为明裥;第三种为同方向折叠的称为顺裥。

⑫ 褶:根据服装造型,将部分衣料缝缩而成的自然褶皱。

⑬ 塔克:服装上有规则的装饰褶子。

⑭ 公主线:指前后衣片上,从肩线或袖窿过胸围、经腰围至下摆底部的分割线。能起到突胸收腰效果,顺应人体的曲线。其因最早由欧洲的公主所采用而得名。在视觉造型上表现为展宽肩部、丰满胸部、收窄腰部和放宽臀摆的三维立体效果。

2. 领子(图 2-1-2)

围于人体颈部,起保护和装饰作用的部件。包括衣领和与衣领相关的衣身部分。狭义单指衣领,装合于衣身的领口部位,有立领、翻领、驳领等多种。以驳领为例,主要由图 2-1-2 所示的部件和线条组成。

① 翻领:领子自翻折线至领外止口线的部分。

② 领座:也称"领底",是连接领口与翻领的部位。

③ 领圈:又称"领口""领窝""领下口",指前后衣片与领子缝合的部位。

④ 驳头:连在前衣片沿翻折线翻折出来的部分。

⑤ 驳口:驳头翻折的部位,驳口线也叫翻折线,是衡量驳领是否服贴的重要部位。

⑥ 串口线:指领面与驳头面的缝合处,也叫"串口"。

⑦ 驳头宽:垂直于翻折线与串口线相交的点至翻折线的垂直距离。

⑧ 领外口线:衣领的外延部位,即领子翻折后与前后大身贴合的外沿线条。

⑨ 领嘴:领外口线与串口线相对的部分。

⑩ 翻折止点:驳头沿翻折线翻折至最低点,也是第一颗钮扣位置。

⑪ 门襟止口:指成衣门襟的外边沿。其形式有连挂面与断开挂面两种形式。一般断开挂面的门襟止口较坚挺,牢度也好。止口上可以缉明线,也可不缉。

⑫ 平驳头:与上领片的夹角呈三角形领嘴的方角驳头。驳头形状为菱形,是最正统的形状,也称为西服领,最为经典。

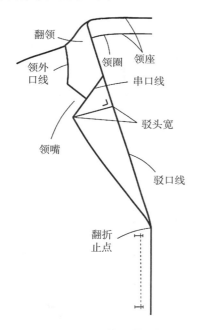

图 2-1-2　女西装驳领线条名称

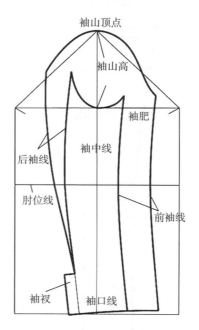

图 2-1-3　女西装两片袖线条名称

⑬ 戗驳头:驳角向上形成尖角的驳头。

3.袖子(图2-1-4)

覆合于人体手臂的服装部件,有衬衫袖、西装袖、插肩袖、连袖等。袖子主要由以下部件和线条组成(图2-1-3)。

① 袖山弧线:衣袖上与衣身袖窿缝合的部位。

② 袖山高:袖山顶点至袖窿底点的垂直距离。

③ 袖缝:衣袖的缝合缝,按所在部位分前袖缝、后袖缝等。

④ 大袖:多片袖的大袖片。

⑤ 小袖:多片袖的小袖片。

⑥ 袖口:衣袖下口边沿部位。

⑦ 袖克夫:又叫"袖头",该叫法起源于香港,是"Cuff"的音译,本意是指袖口宽度,现指缝在衣袖下口的部件,起束紧和装饰作用。

二、裤子各部位线条术语名称

① 上裆:也称"直裆""立裆"。指腰头上口到横裆间的距离或部位,是裤子能否舒适服贴的重要部位。

② 横裆:指上裆下部的最宽处,对应于人体的大腿跟围度。

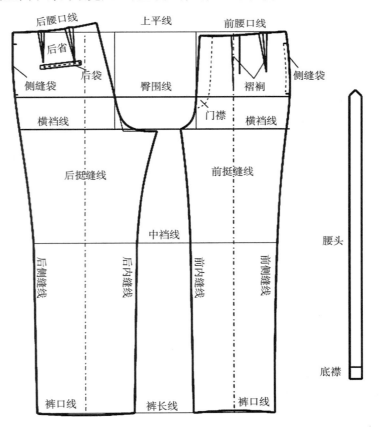

图2-1-4 女西裤线条名称

③ 中裆:指人体膝盖附近的部位,大约在裤脚口至臀围线的 1/2 处,是决定裤管造型的主要因素。

④ 前(后)内缝线:指裤子前(后)身缝合从裆部至裤脚口的内侧缝。

⑤ 挺缝线:指裤腿前后片的中心直线,又叫"烫迹线"或"裤中线"。

⑥ 翻脚口:指裤脚口往上外翻的部位。

⑦ 裤口线:裤腿下口边沿。

⑧ 小裆缝:裤子前身小裆缝合的缝子。

⑨ 后裆缝:裤子后身裆部缝合的缝子。

⑩ 口袋:插手和盛装物品的部件。分别有插袋、贴袋、立体袋、双嵌线袋、单嵌线袋、手巾袋。
女西裤线条述语名称见图 2-1-4。

三、裙子各部位线条术语名称

① 衩:是位于衣裙下摆或裤底边的开口,是为服装便于活动、增强造型美感设置的开口形式。开衩位置可以是位于两侧,也可置于身前或背后。衩位于不同部位,有不同名称,如裙下摆称为裙衩;位于背缝下部称为背衩;位于袖口部位称为袖衩等。

② 腰头:与裤身、裙身缝合的部件,起束腰和护腰作用。

③ 襻:起扣紧、牵吊等功能与装饰作用的部件。分别有腰襻、吊襻、肩襻、袖襻、领襻等。
西装裙线条述语名称见图 2-1-5。

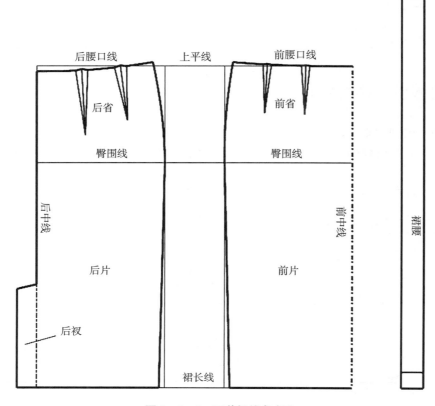

图 2-1-5　西装裙线条名称

第二节　服装驳样制图线条、符号、代号

在服装工业生产中，必须严格按照工艺要求和品质标准进行生产，这就要求驳样者进行标准化的纸样制作。因此，作为一名优秀的驳样制作者，要懂得使用专业的制图规则、符号和线条。

一、常用服装结构制图线条

常用的制图线条有粗实线、细实线、虚线（粗、细）、点画线、双点画线5种。每一种图线都具有不同的使用要求及含义，驳样者在绘制图线时应使同一图纸中同类线条的粗细一致。具体制图线条的式样和作用见表2-2-1

表2-2-1　服装结构制图线条表

序号	图线名称	图线式样	图线粗细（mm）	图线用途
1	粗实线	——————	0.9	①一片轮廓线 ②部位轮廓线
2	细实线	——————	0.3	①结构制图的辅助画线 ②尺寸线和尺寸界线
3	虚线（粗）	－ － － － －	0.6	背面轮廓影示线
4	虚线（细）	- - - - - - -	0.3	缝纫明线
5	点画线	—·—·—·—	0.6	对折线（对称部位）
6	双点画线	—··—··—	0.3	折转线（不对称部位）

二、常用服装结构制图符号

为了便于识别与交流，在服装结构制图中除了5种制图线条外，还需要运用很多种符号。这些符号能够代替繁琐的文字说明，简明易懂，常用服装结构制图符号见表2-2-2。

表2-2-2　常用服装结构制图符号表

符号	名称	意义
⌒⌒	等分符号	将某一部分分成若干等份的符号
←———→	经向箭头	面料布纹经向标记，又称丝缕符号
———→	顺向箭头	面料毛绒顺向标记，箭头方向与毛绒倒向一致
═══════	明线符号	表示在缝制中装饰性缝线的位置，一般还需标出明线的单位针数（针/cm）及与边缝的间距
•———•	距离符号	标识出裁片各部位起止点之间的距离
⌐ ∠	直角符号	表示两轮廓线相交时，交点附近处于垂直的状态。同时用于直线与直线、直线与弧线、弧线与弧线的垂直，例如下摆、肩点附近等位置

续表

符号	名称	意义
	剪开符号	表示在样板完成后,还要在有剪开符号的位置做剪开拉开处理。剪开符号有两种形式,意义完全相同,即沿直线剪开,箭头和剪刀刀口的方向表示剪开方向,此外往往还应表明剪开后需要拉开的尺寸
	省道转移符号	表示在样板完成后,还要在有省道转移符号的位置做省道转移处理,即在剪开符号处剪开样板,将虚线表示的省道完全闭合,此时剪开处拉开,其拉开量由需闭合的省道的大小决定
	拼接符号	表示分开制图的两块裁片,实际样板需要拼合的部位,拼接符号总是成对出现
	重叠符号	表示在制图时两块裁片是重叠的,两条双平行线所在的位置即为两块样板重叠的部分,为两块样板共有
	省道	表示裁片需要收省的位置及大小
	抽缩符号	表示裁片某部位需要抽缩的标记,在绘制样板时往往与对位符号配合使用。通过对位符号来表示出需要抽缩的位置
	褶裥符号	表示裁片需要折叠的部位,裁片依照斜线由高到低方向折叠
	省略号	表示省略纸样某部分不画的标记
	归缩符号	表示裁片某部位需要熨烫归拢的标记
	拔出符号	表示裁片某部位需要熨烫拉伸的标记
	对位符号	俗称刀眼,表示在裁缝制时必须重合的标记;单刀眼用于前片,双刀眼用于后片,以示区别
	眼位符号	表示服装扣眼位置的标记
	对位号(剪口)	裁片的某一位置与另一裁片的对应位置在车缝时必须缝制在一起
	扣位符号	表示服装钮扣位置的标记,交叉线的交点为钉扣位置
	孔位符号	表示服装省尖、口袋等部件的位置,交叉线的交点即为实际位置,省尖的标识一般位于不到实际省尖所在位置约1cm处

符号	名称	意义
▲ △ ◇ ◎ ○ ……	等长标记符号	表示裁片中出现的相同符号,所对应表示的部位尺寸大小相同。根据使用的要求,可选用各种符号

三、服装结构制图中常用部位代号

快捷的书写形式可以提高工作效率。在制作服装样板的过程中,一些人体部位名称和服装上的部位名称常用所对应的相关英文词或词组中的开头字母表示。服装制图常用部位代号表见表2-2-3。

表2-2-3 服装制图常用部位代号表

代号	英文名称	中文名称	代号	英文名称	中文名称
B	Bust	胸围	HS	Head Size	头围
W	Waist	腰围	NL	Neck Line	领围线
H	Hip	臀围	FNP	Front Neck Point	前颈点
BL	Bust Line	胸围线	BNP	Back Neck Point	后颈点
UB	Under Bust	乳下围	SNP	Shoulder Neck Point	肩颈点
BP	Bust Point	胸乳点	SP	Shoulder Point	肩点
WL	Waist Line	腰围线	SW	Shoulder Width	肩宽
HL	Hip Line	臀围线	KL	knee Line	膝线
MHL	Middle Hip Line	中臀线	HEM	Hem Line	下摆
AH	Arm Hole	袖窿	CFL	Center Font Line	前中心线
EL	Elbow Line	肘线	CBL	Center Back Line	后中心线
S	Sleeve	袖长			

第三节 服装驳样常用工具

为了驳样制成的服装成品最大限度地与实物样衣保持一致,首先要对实物来样进行准确测量。因此,驳样制作者需了解常见驳样工具,并且在绘制平面纸样时规范使用工具。

一、驳样常用测量和作图工具

为了把服装做得适身合体,首先需要正确测量人体或实物尺寸。测量人体或实物时使用的工具叫做测量工具,平面绘制纸样时使用的工具叫做作图工具。

1. 尺子(图 2 - 3 - 1)

(1) 直尺

公制计量单位,长度有 20cm、30cm、50cm、60cm、100cm 等,材质多为钢、木、塑料等,有一定硬度,常用于测量和制图。

(2) 放码尺

用于推码的尺子,有把英寸方式换算成厘米的刻度,常用为塑料质地且透明。

(3) H 弯尺

"H"是英文单词 Hip(腰围)的缩写。H 弯尺在绘制腋下缝线、裤子侧缝线等较为平缓曲线时比较便利。

(4) D 弯尺

"D"是英文单词 Deep(深)的缩写。D 弯尺用于袖隆、领圈等较弯曲线作图时使用,同时也可用于测量曲线的长度。

(5) 曲线板

也称"云形尺",是一种内外均为曲线边缘(常呈漩涡形)的透明尺,材质为塑料,用来绘制曲率半径不同的非圆自由曲线。在服装制图中,利用正反颠倒、上下移动可以绘制各种不同度的曲线,常用于绘制袖窿、袖山、侧缝和裆缝等部位。

(6) 软尺

为测定人体尺寸和测量作图曲线所使用的带状尺子。软尺有塑料制和钢制等,有的附带盒子。

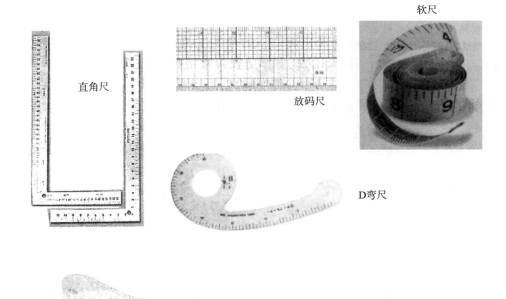

软尺

直角尺

放码尺

D弯尺

H弯尺

图 2 - 3 - 1　驳样测量用尺

（7）角尺

两边成 90°的尺子，一边刻度为 35cm ,另一边为 60cm,反面有分数的缩小刻度,材质多为木质和塑料,常用于绘制垂直相交的直线。

（8）比例尺

其刻度按实际长度进行放大或缩小,用来度量长度。常见的有三棱比例尺,三个侧面上刻有六行不同比例的刻度。

（9）量角器

可以画角度、量倾斜度、画垂直线、平行线等,常见材质为塑料或钢质。

（10）自由曲线尺

可以任意弯曲,因具有柔软性,常用来测量曲线、弧线的长度。

（11）方眼尺

标有 5mm 刻度的透明塑料制尺子。常用于画平行线和直角线,是做窝边缝线和细褶标记的重要尺子。

2．纸

（1）作图纸

在绘制实寸图时常使用的作图纸,多用牛皮纸,光滑面作为正面。卡纸宜选用 250g 左右/张的卡纸,纸表面平整细洁,厚度适中,硬度较好,是服装纸样局部净板的理想用纸。

（2）描图纸

描图纸为具有张力的半透明的薄纸,呈灰白色,外观似磨砂玻璃,纸面平滑,耐磨性、耐水性、吸墨性良好,具有很好的可修改性,使用描图纸可对设计图进行直观地描绘。

3．其他

（1）圆规

用于画圆或弧线的工具,材质通常为金属,在服装制图中常用来求出线的交点或绘制相同尺寸。

（2）铅笔

在进行实寸制图时,选用 F 或 HB 型的铅笔作基础线,轮廓线用 HB 或 B 型;缩小作图时,用 2H 或 H 型铅笔作基础线,轮廓线选用 F 或 HB 型铅笔;修正线需用彩色铅笔。

（3）点线器

又称"描线器""推轮""点印器",通过齿轮在上层纸上的滚动,在下层纸上留下印记进而复制样板,见图 2-3-2。

（4）剪口器

又叫对位器,主要用途是在硬样上剪出车缝时用于对位的剪口位置,见图 2-3-3。

（5）划粉

主要成分一般为碳酸钙(石灰石)和硫酸钙(石膏),用于在毛织物等不易留下印记的织物上做净缝、对位等印记标示。

（6）橡皮、易擦橡皮

选用条状柔软橡皮,易于擦除。易擦橡皮不会产生渣滓,便于使用,不会污染作图。

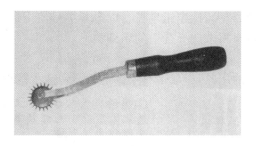

图2-3-2　点线器

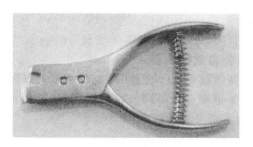

图2-3-3　剪口器

（7）图钉

在拷贝作图纸样或驳实物尺寸时，为了防止图纸移动而使用的固定物品。

（8）剪刀（见图2-3-4）

服装专用剪刀常用24cm（9英寸）、28cm（11英寸）和30cm（12英寸）等几个规格。剪纸用的剪刀与剪布用的剪刀要分开使用，特别是剪布用的剪刀要专用。剪刀用于切割，修剪纸样、面料、线头等。

图2-3-4　剪刀

（9）锥子（图2-3-5）

用于刻划表面或穿刺小孔。服装驳样中可用于样板中的定位，如袋位、省位、褶位等，还用于复制样板。

图2-3-5　锥子

（10）人体模型（见图2-3-6）

人体模型是样板设计人员必备的工具，主要用于立体裁剪及试衣。可分为裸体用人体模型及工业用人体模型两种。裸体用人体模型基本比例和裸体形态仿造而成；而工业用人体模型是在裸体用人体模型的基础上，在适当部位分配有人体所需的松份，并按固定的规格号型制作而成。

（11）工作台

指服装制板时专用的桌子。桌面需平整，不要有拼缝，尺寸不宜太小，一般以宽90cm以上、长120cm以上、高80cm左右为宜。如果条件有限，也可用一般桌子代替。

二、缝制和整理工具

1. 缝制

（1）手缝针

用于缝制面料。

（2）大头针

缝制时，使多层裁片固定对齐，或者用于立体剪

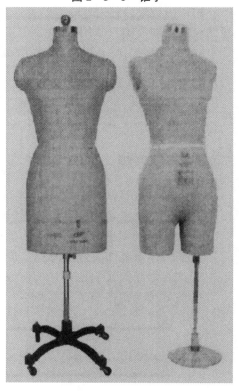

图2-3-6　人体模型

裁时人台上面料的固定。大头针分为1～8号,号码越大,针越粗越长。以5、6、7号使用最多,也有适用于薄布和丝绸的细大头针,挑选时要根据布料来选择合适的粗细。

（3）针插

又叫针插包或针山,是用于插手缝针或大头针的用具,一般带有半圆形松紧带或手镯形塑料套,使之能套在手腕上使用。

（4）缝纫线

用于固定、缝制面料。

（5）拆线器

拆线器为拆开缝纫线或绷线时使用的工具。

2. 整理工具

（1）打孔器（图2-3-7）

用于在制作好的样板上打孔,利于样板的保存于编制。

图2-3-7 打孔器

（2）冲头

1.5mm的皮带冲头,用于样板中间部位的钻眼定位。

（3）锥子

用于钻眼定位,复制样板,或者拆开线迹等。

（4）夹子

塑料或铁皮夹子若干个,以作固定样板用。

（5）熨斗

用于熨烫黏合衬、烫平褶皱、修正面料丝缕、归拔造型等。可使得驳样制作时,服装实物测量的尺寸更加准确。使用时,注意温度、蒸汽及压力,避免将熨斗正面置于烫台,容易发生火灾等事故,使用后擦拭熨斗底部的脏物,勤于保养。

（6）熨烫垫布

指保证熨烫效果的辅助工具。平面用熨烫垫布应选择具有适当弹性、吸收蒸汽好、速干及透气性好的毛毡布,大小以长度60～90cm、宽度50cm左右为宜。

复习思考题

1. 在学习驳样制作前,为什么要掌握一般服装结构制图的基础知识?

2. 熟悉常见服装的各部位名称,指出对应的线条、部位。

3. 服装结构制图线条有哪些? 请说明各种线条的使用要求及含义。

4. 服装结构制图符号有哪些? 请说明各种符号的名称及用途。

5. 掌握常用服装制图部位代号缩写,以及对应的中英文含义。

6. 服装结构制图的工具有哪些? 熟悉各种工具的用途。

第三章　服装规格尺寸构成

 **本章提要**

　　服装规格尺寸是服装驳样制作的依据,是对人体各部位体型特征的定量描述。通过精确的数据来表述人体的比例、体型和外在特征,使得依此规格尺寸制作出的服装样板更加符合人体的体型特征和活动规律,准确展示样衣或图片的外观效果。

　　服装规格尺寸的获得因驳样的方式不同而不同。图片驳样时,人体测量或参考尺寸是获得服装规格尺寸的前提;实物驳样时,样衣的测量是服装规格尺寸的主要依据。本章主要学习人体测量方法、人体形态对驳样尺寸的影响、服装加放松量以及服装成品规格的设计,该内容的掌握对于学习服装驳样至关重要。

学习重点

　　1. 人体测量的基准点、测量部位和名称
　　2. 人体最常用的测量方法及要领
　　3. 人体静态因素和动态因素对驳样尺寸设置的影响
　　4. 服装长度、围度的加放松量的方法
　　5. 服装成品规格的表示方法、号型定义、体型分类
　　6. 掌握号型的配置步骤

第一节　人体测量

　　量体是服装结构设计的第一步,要使做成的服装合体美观,量体至关重要。

一、人体测量准备

　　1. 测量工具

　　人体测量的工具很多,最基本、最常用的工具就是软尺,见图3-1-1。

　　软尺一般由保型性较好的玻璃纤维加塑料制成,测量操作简便,具有较好的柔韧性,伸缩

性小,尺寸稳定,可沿体表测量,以 mm 精确刻度,长度 150mm,有的软尺反面的刻度单位是英寸。

图 3-1-1　软尺

除此之外,还有身高计、角度计、杆状计、触角计、三维人体扫描仪(3D Body Scanner)、可变式人体截面测量仪、人体轮廓线摄影机、莫尔体型描绘仪。

① 身高计:身高计由一个以 1mm 为最小刻度的垂直管状尺与游标两部分组成,游标可沿管状尺上下自由调节。用以测量身高及某些长度尺寸。

② 角度计:测量角度的工具。用以测量肩部斜度、背部斜度等人体各部位角度。

③ 杆状计:由一个以 1mm 为刻度的管状尺和两把可活动的触角状尺臂组成的测量工具,测量时可将被测体介于两尺臂之间,常用于测量人体胸宽、厚度等的尺寸。

④ 触角计:由一个以 1mm 为刻度的管状尺和两把触角状尺臂构成的测量工具,其中固定尺臂与活动尺臂呈对称状,用以测量人体曲面宽度、厚度。

⑤ 三维人体扫描仪(3D Body Scanner):以非接触的光学测量为基础,通过激光扫描照射系统,使用摄像设备捕获人体外形,然后通过系统软件提取扫描数据。该设备对于传统方法无法测量的人体形态、曲线特征等也可进行准确测量,具有准确、高速和一致性的优点。测量结果还可通过计算机直接输送到纸样设计和自动裁剪系统,实现人体测量、纸样设计和排料裁剪的连续自动化。

⑥ 可变式人体截面测量仪:将并排的细小测定棒与人体表面水平接触,得到测定棒所形成的横截面形状,通过分析横截面形态了解体型特征。通常用来测量人体水平横截面和垂直横截面。

⑦ 人体轮廓线投影仪:被测者站于测量仪器内,摄影机从人体前方、侧方拍摄 1:10 人体轮廓缩放图,可获得人体多角度的轮廓线图片,用以观察分析人体体型。

⑧ 莫尔体型描绘仪:利用莫尔等高线测量人体体型的设备。其原理是同时使用两台摄影机,在人体表面形成莫尔波纹,根据波纹间隔、形态的差异,分析体型特征。

2. 人体测量注意事项

在批量化成衣生产中,为了提高生产效率,往往选择几个具有代表性的尺寸,其它结构尺寸按照比例公式推算获得,提高了成衣生产的效率。因此,想要做出合体、舒适、美观的服装,服装设计人员首先必须准确取得人体的代表性尺寸。

人体尺寸测量的方法有很多,最常用的测量方法为体表测量法。该方法对设备要求低,操作简单,是目前最为普遍的人体测量方法。为保证测量的准确性,此方法需注意以下事项:

对象	注意事项
被测者	站姿:正直站立,呼吸正常,耳、眼保持水平,后脚跟并拢,手臂自然下垂放于身体两侧,手掌朝向身体一侧,双肩自然放松 坐姿:上身保持直立,坐于椅子上,椅子高度需使大腿与地面保持平行,即膝盖呈 90°,双脚平放于地面,双手放在大腿上 穿戴:测量人体净尺寸时尽可能裸体测量;测量服装规格时,可穿着紧身内衣、文胸、内裤进行测量;对数据要求不严苛的情况下,可穿着薄款服装
测量者	① 准确选择人体测量基本测量点(线)。可从人体的正、侧、背 3 面考察,特殊体型需增加测量内容 ② 皮尺测量:测量纵向尺寸,皮尺需垂直测量;测量围度,以皮尺呈水平绕测量部位一周,既不脱落也无紧绷感,能插入两根手指为宜 ③ 养成按照一定顺序测量的习惯,如先围度后长度、先上后下等顺序,能有效避免遗漏

另外,服装结构设计既要懂得如何准确测量人体,又要懂得服装标准中规格和参考尺寸的来源,这对理解设计图稿和实物驳样都十分重要。

二、人体测量的基准点

人体是一个柔软的、复杂的曲面体。要想减少测量误差,可通过规范人体测量的基准点,如人体的骨骼端点(如肩端点、茎突点)、人体表面凸起点(如胸乳点)、凹槽(如颈窝点)等。由这些点作为基点,延伸到人体围度、长度、角度等尺寸,既能统一尺寸标准,又能最大限度避免测量误差。目前常用的人体测量基准点见图 3-1-2 所示。

① 头顶点。人体头部的最高点,作为测量人体身高的基准点。

② 颈窝点。又称"前颈点",是胸骨上端连接锁骨的直线和正中面相交的点,是颈根曲线的前中心点。

③ 胸高点。乳头的中点,即 BP 点,为胸部最高的点,作为测量胸围的基准点。

④ 颈椎点。又称"后颈点",是在人体后中心线上,头部低下时后颈根部最为凸起的点,即为第七颈椎点。该点十分重要,脖颈向前倾倒就能看到,从体表上也能触摸到。它是测量背长和衣长的基准点。

⑤ 侧颈点。颈根和肩棱线的交点。是颈部到肩部的转折点,所以也被看作是肩线的基点。

⑥ 肩端点。肩胛骨上端肩峰外侧最突出的点,作为测量肩宽和袖长等的基准点。

⑦ 前腋窝点。手臂自然下垂时,臂根与胸部形成纵向褶皱的起始点,作为测量胸宽的基准点。

⑧ 后腋窝点。手臂自然下垂时,臂根与背部形成纵向褶皱的起点。是测量背宽的基准点,并与前腋点、肩点构成袖窿围的基本参数。

⑨ 肘点。尺骨上与肘窝相对的最向外突出的点,作为测量上臂长的基准点。

⑩ 茎突点。又称为手根点,桡骨茎状下端最突出的点,作为测量袖长的基准点。

⑪ 肠棘点。骨盆位置上最突出的点,刚好处于中臀部位,作为测量中臀围的基准点。

⑫ 大转子点。大腿骨大转子最上端的点,此点刚好与臀部最丰满处水平线相贯通,所以

是测量臀围尺寸的参照点。测取该点时,作"稍息"状,大腿侧臀部明显的凸起点就是该点。

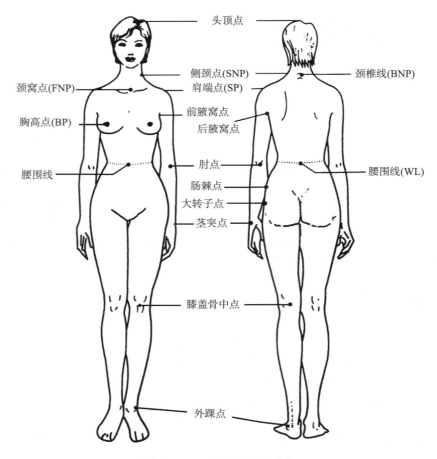

图 3-1-2 人体测量基准点

⑬ 膝盖骨中点。人体腿部前侧,膝盖骨上连接上下端的中点。

⑭ 外踝点。腓骨外侧最突出点,作为测量裤长的基准点。是测量裤长、裙长等的重要基准点,同时也是测量人体足围的基准点。

以上测量点基本对应人体的运动部位,测量者需正确理解测点与测量尺寸、运动机能的关系,才能保证测量的准确性。

三、人体测量部位和名称

1. 围度测量及名称(图 3-1-3)

① 胸围:以胸高点为基准点,用软尺水平测量一周,即为胸围尺寸。

② 腰围:在腰部最细处用软尺水平测量一周。如体型太胖,不易准确发现腰部最细处,可将肘关节与腰部重合点作为基准点。腰部尺寸是人体三围中的最小值,是裙子和裤子、合体晚装、紧身衣的控制量值,是制作合体服装不可缺少的尺寸依据。

③ 臀围:在后臀最突出部位水平测量一周。

　　④ 中腰围:中腰围也称为腹围,用软尺在腰围至臀围距离的二分之一处水平测量一周。腹围在纸样设计中应用较少,主要用于合体下装,相当于低腰裤、低腰裙的腰围尺寸。

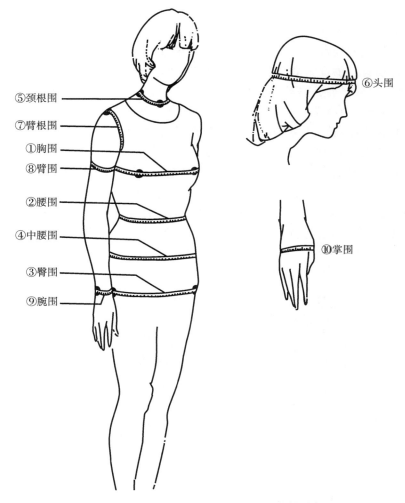

图 3-1-3　女性人体围度测量部位及名称

　　⑤ 颈根围:以后颈点为起点,经左右侧颈点、前颈窝点至起点的围长。

　　⑥ 头围:以前额丘和后枕骨为测点用软尺测量一周。该尺寸用于设计套头衫的开领大小,其尺寸需大于头围才能顺利穿脱。另外也是连衣帽宽度设计及功能性帽子尺寸设定的重要依据。

　　⑦ 臂根围:以肩端点为起点,经前、后腋窝点及腋窝底点至起点的围长。

　　⑧ 臂围:臂围也称为袖肥,在上臂最丰满处(肱二头肌)水平测量一周。该尺寸是设计袖肥尺寸的最小值(除弹性面料),也是设计长袖袖肥、短袖袖口尺寸的重要依据。

　　⑨ 腕围:在腕部以尺骨头为测量点测量一周。腕围主要用于袖口尺寸设计,是衬衫等开合袖口尺寸的最小值。

　　⑩ 掌围:将拇指并入掌心,用软尺绕掌部最丰满处测量一周。掌围主要用于设计袖口、袋口尺寸。

2. 长度测量及名称(图 3－1－4)

长度测量是指测量两点之间纵向距离的尺寸。长度测量的主要部位及测量方法如下:

① 背长:从后颈椎点(第七颈椎点)沿背形量至腰围线的长度。实际应用中,测量值往往再减 0～4cm,以改善服装上下身的比例关系。

② 腰长:从腰围线到臀围线的长度,要在靠近侧缝的位置测量。

③ 手臂长(袖长):手臂测量可根据服装款式采用不同测量方法,主要有以下三种方法:

(a) 基本袖长:从肩端点往下量至腕关节的长度,如图 3－1－5(a)所示。

(b) 合体袖袖长:由肩端点经肘点到手腕点的长度,如图 3－1－5(b)所示。

(c) 连肩袖袖长:一般从侧颈点经肩端点量至手腕关节的长度。该尺寸是插肩袖、连衣袖袖长尺寸设计的重要依据,如图 3－1－5(c)所示。

不同造型袖子尺寸会在测量所得臂长的基础上进行调整,如标准西装套装的袖长通常是在基本袖长的基础上加 2～3cm,这是加放的垫肩量;普通西服套装袖长的位置习惯采用虎口上 1.5～2cm 的位置。带袖口的衬衫袖长往往在基本袖长的基础上加上 1～3cm,这是加放的手臂弯曲的长度。大衣的袖长通常在基本袖长的基础上加上 4～6cm,也可根据流行或喜好来确定长度。

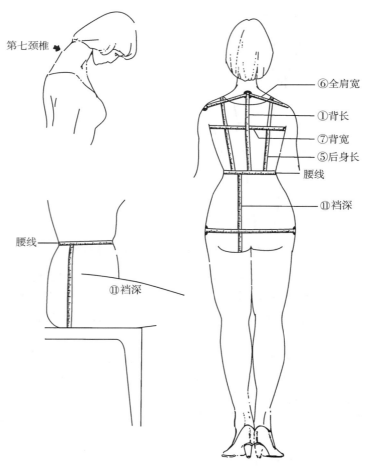

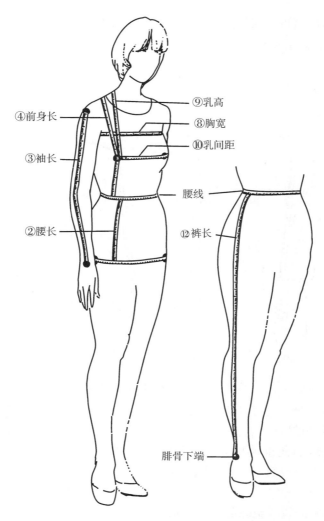

④前身长
③袖长
②腰长

⑨乳高
⑧胸宽
⑩乳间距
腰线
⑫裤长

腓骨下端

图 3-1-4　女性人体长度测量部位及名称

④ 前身长：以侧颈点为起点，往下经胸乳点量至前腰节线的长度，也可以乳点为基点向上延伸至肩线(约斜肩 1/2)，向下延伸至腰线为前身长。它与后身长都为参考数据，通过前后身长的差，了解胸部特征，确定不同女性胸凸量的高度。

⑤ 后身长：从侧颈点开始经过肩胛骨垂直量到后腰节线的长度，也可以从肩胛点(肩胛骨凸点)为基点向上延伸至肩线(约斜肩 1/2 处)，向下延伸至腰线为后身长，在挺胸体或驼背体等特殊体型的服装中，是重要的尺寸依据。

⑥ 全肩宽：自肩的一端点经后颈点量至肩的另一端。

⑦ 背宽：水平测量后腋点间的距离。后腋点指人体自然直立时，后背与上臂会合形成夹缝的止点。

⑧ 胸宽：测量前腋点间的距离。前腋点指胸与上臂会合所形成夹缝的止点。

⑨ 乳高：自侧颈点量至胸高点的距离。该尺寸是女性胸部造型设计的重要依据。年轻女性胸部挺立，乳高尺寸往往较小；而妇女经历哺乳、随着年龄的增大，乳房弹性降低，胸部下垂，致使乳高尺寸逐渐增大，因此对于不同年龄层次女性的胸乳点位置应根据体型特征予以区别。

⑩ 乳间距:测量胸高点之间的距离。乳间距和乳高的测量,在礼服及紧身贴体服装中非常必要。一般来说,乳高值越小,乳间距就越小。

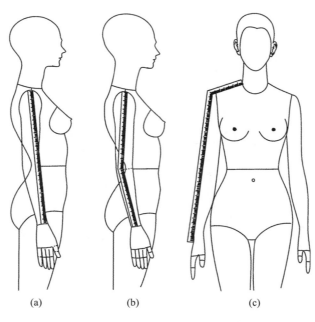

(a)   (b)   (c)

图 3 - 1 - 5   手臂长度测量方法

⑪ 上裆深:被测者坐在凳子上(凳子高以落座后大腿与地面持平为最佳),自后中与腰线的交点量至凳面的距离,因此也被称为"股上长""坐高"。上裆深是裤子设计横裆宽线的重要尺寸。

⑫ 裤长:自人体侧面腰线至踝部外侧凸点的距离,此尺寸为裤子的基本长度。

通过人体各部位围度和长度的测量,可以看到:人体的基本测量点主要来源人体的"连接点"和明显的"凹凸点",而测量的部位就是服装的基本结构线。只要把人体测量的关键部位:胸围线、腰围线、臀围线、颈根围线、前后公主线和左右侧缝线等在人体模型上呈现出来,就一目了然,如图 3 - 1 - 6 所示。驳样者只要熟练掌握这些基本结构线,通过分析样衣或图片的尺寸与造型,就可以把握驳样设计的总体方向。

从驳样的过程来看,服装的人体测量不是目的,它仅为驳样复制提供可靠的尺寸依据。

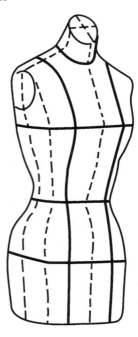

图 3 - 1 - 6   人体模型上关键的线与点

第二节　人体形态对驳样尺寸设置的影响

人体的静态和动态的体型状态不同,身体表面也会发生一些变化。因此,驳样设计除了学习人体测量,还应了解静态、动态形体的特征及各动作增幅大小,分析这些尺度对驳样尺寸设置的影响,并将其应用到驳样过程中。

一、静态尺度影响

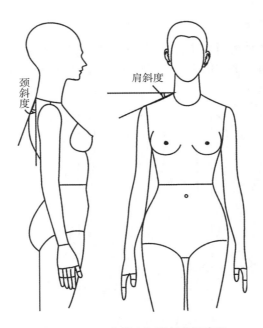

图 3 - 2 - 1　肩斜度和颈斜度示意图

人体静态是指自然垂直站立的状态,这种状态所构成的固定的体型数据就是人体静态尺度。

1. 颈斜度

颈斜度是指人体的颈向与垂直线形成的夹角,女性一般为 19°,男性为 17°,见图 3 - 2 - 1。

男女颈斜度的区别及对驳样设计的影响:

区别	女体:起伏度较大,呈"S"形,颈向自然前伸而长 男体:呈直筒型,颈向垂直,因此女性颈斜度大于男性
影响	①女装后身通常加肩省,男装则不加 ② 造成男女颈部横截面的不同形态,形成了男女装不同的领口形状

2. 肩斜度

肩斜度是指肩端点至颈根点的连线与颈根点水平线所形成的夹角(图3-21),男女肩斜度有所不同。

区别	女体:前胸丰满凸起,后背平坦,形成体表曲线 男体:前胸平坦,后背由于斜方肌的作用而呈现后凸,背部曲率较大
影响	男装后腰节要明显长于前腰节,差数2.5cm左右,后肩斜度大于前肩斜度(前20°,后22°);女装前后腰节长度差值较小,约0.7cm,后肩斜度小于前肩斜度(前21°、后18°)

3. 手臂下垂自然弯曲度

手臂下垂自然弯曲度是指当人体自然直立时,手臂呈稍向前弯曲的状态,如图3-2-2。女性手臂下垂自然弯曲角度平均值为5cm,且人体的上肢以向前运动为多,所以在驳样设计中应增加对应部位的向前量。

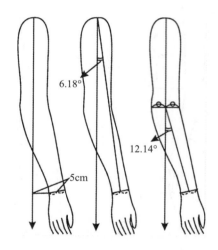

图3-2-2 女性手臂下垂自然弯曲角度平均值

男女手臂弯曲度区别及对驳样设计的影响:

区别	女体:约5cm 男体:约6cm
影响	袖子驳样设计时,男女手臂与肩的关系有所区别,尤其是合体西装,男装可加大袖子的向前量,以符合手臂造型

4. 人体的体态平衡

理解人体躯干形态对服装驳样十分重要。躯干由腰部将胸廓和臀部相连接,显现为"平衡的运动体",称之为人体躯干"斜蛋形"平衡,如图3-2-3所示。

从静态观察体型特征,胸廓前身最高点为胸凸点(BP点),此点相对靠近腰部;背部最高点为肩胛凸点,相对离腰部较远。为了保证与胸廓的平衡,腹凸点靠上,较靠近腰部;臀凸点靠下,相对离腰部较远。因此在躯干部形成了两个"斜蛋形"的平衡状态。研究人体体态平衡有助于服装廓型的把握,有助于确立基本结构线以及规格尺寸、公主线、省道省量等的设计,更好地帮助修饰穿着者体态。

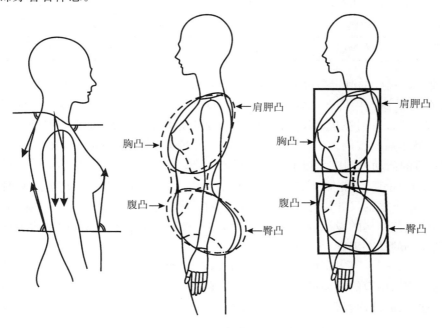

图 3-2-3　人体体态平衡

驳样基本结构线的确立,在很大程度上是根据人体的静态特征和参数来设置的,且在驳样过程中需考虑男女静态体型差异的影响。

二、活动尺度影响

人体的活动复杂多样,如上肢、下肢、身躯的前屈后屈、左右侧屈、旋转、呼吸运动等。为满足这些活动,服装各部位要有必要的松度来适应,这也是人体工效学和服装构成学的重要研究内容。人体工程学的研究表明,正确地进行人体观察和测量,充分理解服装要适应活动着的人体这一基本原则,只有这样才能使驳样出的成品符合穿着者的要求。

结构中宽松度和活动量的设计,主要是依据人体的一般活动尺度(正常活动状态的尺度)。人体的正常活动是有规律的,这应作为服装驳样(尤其是图片驳样)尺寸设计的重要参考,见表3-2-1所示。

表 3-2-1　人体关键部位运动尺度及影响

活动部位	动作	尺度	动态尺度对驳样设计影响
腰脊关节	前屈	前屈 80°、后伸 30°	后衣长加长;增加裤子后翘、前降
髋关节	前屈	120°	臀部加运动量

续表

活动部位	动作	尺度	动态尺度对驳样设计影响
膝关节	后屈	135°	裙后摆开衩
肩关节	由前上举	180°	后袖线较前袖线长,增加对应部位的向前量
肘关节	前屈	150°	合体袖决定袖子形状的重要部位
颈部关节	左右侧屈	45°	领上口与颈部要留有适当的空隙

① 腰脊活动尺度的测定是以人体的自然直立状态为准,是影响上下身结构连接的主要动态因素;腰脊前屈80°、后伸30°、左右侧屈35°、旋转45°。腰脊前屈的幅度、概率明显大于后伸,因此上衣驳样设计时在运动尺度设计上应多加考虑增加后衣长,而前身则要多考虑平整和美观。另外,裤子后裆线的加长(俗称后翘)、前中裆下降等都是基于这个原因。

② 髋关节的活动范围以大转子的活动尺度为准。髋关节前屈120°、后伸20°、外展40°、内收30°;膝关节后屈135°、前伸0°、外展45°、内收45°。髋关节以向前运动为主,该部位运动影响臀部松量及前下摆的尺寸设计。膝关节尺度支配下肢运动,下肢以后屈为主,影响裙子后下摆和膝盖部位工艺结构的设计,例如裙摆的后开衩、裤装加膝盖布、裤口后贴边加垫布等处理均是考虑到腿部的动态因素。

③ 由表3-2-2可看出,上肢向前上举的运动尺度较大,因此驳样设计时应该对上肢运动的作用部位增加相应的活动量或进行工艺改善,例如后袖窿弧线的吃势量较大,以便提供手臂向前的活动量;肘部面料强度需加大,以抵抗手臂前屈上摆对肘部施加的张力和摩擦。

表 3-2-2 肩关节运动形式和运动幅度

运动部位	运动形式	最大幅度
肩关节	由前上举	180°
	后振	60°
	外展	180°
	内收	75°
肘关节	前屈	150°
	伸	0°

另外,与上肢运动尺度息息相关的结构设计还包括口袋位置的设计。手臂虽可180°上举,但经常性的活动范围为90°左右,综合考虑肘部及前臂的运动范围,上身袋位通常设在胸线以下,同理分析手臂自然下垂可触位置,下身袋位设于腰线以下10cm左右。

④ 颈部前后屈伸及左右侧倾角均为45°,转动幅度为60°。颈部关节的运动尺度影响着领子的造型设计,如领子的高度、领口深度、领子与肩的角度等。另外,该尺寸还与衣帽尺寸的设计密切相关,如设计连衣帽尺寸时,就必须着重考虑头部运动的尺度影响。

⑤ 足距指的是前脚尖至后脚跟的距离,通常标准人体大步行走的前后足距约为73cm左右,而对应该足距的两膝围是90~112cm,其他幅度的行走尺度见表3-2-3。

表 3-2-3　正常行走尺度　　　　　　　　　　　　　　单位:cm

动作	距离	两膝围度	作用点
一般步行	65(足距)	82～109	裙摆松度
大步行走	73(足距)	90～112	裙摆松度
一般登高	20(足至地面)	98～114	裙摆松度
两台阶登高	40(足至地面)	126～128	裙摆松度

　　从表 3-2-3 可以看出,人体大转子的反向运动造成的裙子下摆设计要考虑两个方面的问题:一是足距尺寸控制着裙子下摆尺寸的设计;二是两膝围度控制着裙子开衩高度的设计。在进行裙子的图片驳样尺寸设计时,裙摆幅度不能小于一般行走和登高的活动尺度,驳样款式要求的运动幅度越大,开衩和褶的长度就越大。但在一些特殊的驳样设计中,如礼服,该类服装有偏重造型、弱化功能性需求,故在设计时可适当调整设计数据,灵活运用。

第三节　服装尺寸及加放松量的设计

　　放松量是指服装穿着在人体外面必须具有的余量。决定此余量大小的因素主要有以下三个方面:人体动作时体型的变化、服装的造型轮廓以及服装的穿着层次。放松量的范围和习惯是为了取得服装与人体结合的"合适度",符合服装的机能性与审美规律。

　　在服装工业生产中,根据国家标准号型所示人体各部位尺寸均为净体尺寸,加入款式所需要的放松量就成为服装成品规格。放松量的设计可以增强服装自由伸缩和调节的功能,它不仅可以表现在外表的造型中,也广泛地应用于里缝的自由伸缩与调节中。尽管在生产实践中人们总结出不少有效的经验,但由于缺乏系统的理论依据,有时无法进行定性定量分析。因此,本节针对性地从服装长度、围度两个方面学习服装放松量的设定。

一、服装长度及放松量

　　服装的长度尺寸设计主要有衣长、袖长、裤长、裙长等。在驳样设计时,尤其是图片驳样时首先需要明确款式的种类、有哪些流行因素、活动部位对尺度的影响等,以此确定服装的尺度。

　　从活动部位对尺度影响的角度考虑,服装的长度设计必须遵循一个原则,即对运动点要设法避开,如裙摆的长度尽量不与膝盖重合等。除此之外,要时刻结合驳样服装的美观性、合体性、实用性,尤其是在图片驳样中,既要尊重原设计,又要根据实际穿着灵活运用。

　　通常服装长度尺寸的确定方法有三类:

　　① 按与号相应的控制部位数值加不同的定数,或者以总体高的百分数加减不同定数,并按总体高分档求得系列。以身高 165cm 为例:

　　后中长的确定:号×40%＝165×40%＝66cm;

　　袖长的确定:号×30%＋5＝165×30%＋5＝54.5cm。

　　"号"乘以一个百分数,目的是为了与规格的分档数值相吻合,因为号的分档数是 5cm,那么衣长的的分档数就是 $5 \times 40\% = 2$ cm。同理,袖长的分档数为 $5 \times 30\% = 1.5$ cm。

② 按标准中与长度有关的控制部位来确定服装规格。

与长度有关的控制部位有身高、臂长、腰围高等。其中身高是决定后中长的重要依据,表 3-3-1 为目前常规女装与身高的关系,根据该比例关系可较为简便地估算衣长尺寸。

表 3-3-1 衣长与身高的关系

品种	女装与身高	品种	女装与身高
西服外套	40%身高左右	长大衣	65%身高左右
短大衣	48%身高左右	衬衫	40%身高左右
中长大衣	60%身高左右	背心	30%身高左右

又如,全臂长是确定袖长的依据,以西服袖为例,确定袖长尺寸时需要考虑垫肩、袖山头吃势、穿着层次、面料缩水、袖口碎褶等因素,因此西装的袖长通常由全臂长+(2~3cm)来确定。西装袖的袖子通常分两种情况:一种是由肩点以自然下垂时能够与手腕根部齐平;二是由肩点以自然下垂时能够到虎口上 2cm 左右。简而言之,就是服装的实际袖长要大于人体臂长,否则穿着运动时会露出手腕,影响美观性与实用性。

③ 除以上两种方法外,后中长的确定也可参考国家标准 GB/T1335.1-2008《服装号型》中的一些数据,可采用以身高减去 100cm 作为后衣长的基础参数。如身高 165cm,则 165-100=65cm,即后中长的基础尺寸为 65cm,与方法①和方法②的衣长计算结果基本一致。

二、服装围度及放松量

服装围度的放松量是指人体与服装在围度上的间隙量,主要有胸围、腰围、臀围、臂围等部位放松量,其大小受人体生理、心理及环境等因素影响。适量的放松量可以使得空气对流,人体穿着舒适,满足相应部位活动需求,使服装实现自由收缩、调节的功能。

通常所称的“服装围度”其实是由人体的净体围度加上放松量所得。人体净体围度只要测量方式得当均可准确获得,而放松量的确定则较为复杂,需要考虑多种因素,如性别、年龄、服装功能、穿着季节、地区、流行趋势等因素。因此,可以说围度的确定主要是放松量的确定。

目前,围度放松量的加放可采用“平均间隙量法”。

1. 平均间隙量 r

由于人体是一个不可展开的曲面体,可将人体近似看作圆柱体,其横截面即为圆形。以胸围的横截面为例,如图 3-3-1 所示,以 O 为圆心画圆,设圆半径为 R,则 $B = 2\pi R$,字母“B”则为人体的净胸围。人体穿着服装后,由于放松量,人体与服装之间存在间隙,则可假设服装的截面圆与人体胸围截面为一个同心圆,见图 3-3-1 中 B* 即为服装的围度,r 就是人体与服装的间隙量。由于人体是一个复杂的曲面体,间隙量 r 在截面的每个点上各不相同,但为便于计算,可假定 r 是均匀的,故将 r 称为“平均间隙量”。

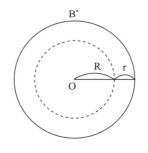

图 3-3-1 服装围度松量关系图

2. 围度总放量 S 计算

由于服装围度等于人体净围度加上围度放松量,则围度总放松量 S 为:

$$S = B^* - B = 2\pi(R+r) - 2\pi R = 2\pi r$$

由该公式不难看出,总放松量 S 与平均间隙量 r 成正比,即放松量是按照平均间隙量 r 的 2π 倍增长。

3. 间隙量 r

由 $B^* - B = 2\pi r$ 推导出:$r = (B^* - B)/2\pi$,即:空隙量 r = 总放松量 $S/2\pi$。

以文化式女装的衣身原型为例,该原型的胸围放松量为 10cm,该放松量设置仅考虑人体的基本呼吸与活动,用以保证人体呼吸自由、活动方便等基本的生理要求。

当 S=10cm,即 $2\pi r = 10$ 时,r=1.59cm。

也就是,以文化式女装衣身原型为标准,要满足人体基本活动量,胸围放松量应在 10cm 左右,平均间隙量 r 应在 1.59cm 左右。

而要得到准确的服装围度设计,仅仅考虑人体生理及服装造型还不够,还需结合面料厚度、穿着层次、运动度等因素进行设计。以梭织面料女上装为例,仅考虑女性生理及服装造型时,胸围放松量一般为 10cm,但如果该衬衫为工作中穿着,则需考虑服装的穿着用途、运动度,此时放松量必须加大,一般需 15cm 左右。服装围度放松量设计时应遵循一般基本原则,即服装的放松度越大,身体活动越自由,但是放松度超过一定限度,服装穿着时就会走样,影响美观。

圆周公式法计算松量较为科学,经验计算法简单便捷但存在一定偏差。驳样者在松量设计时,可以"圆周公式法为主,经验计算法为辅",逐渐训练对服装放松量的准确把控能力。

(1)胸围放松量设计

在图片驳样时,需要结合效果图及经验判断款式为哪种类型,如紧身、合体、半宽松或宽松型。任何服装的围度放松量设计都要结合造型效果和实用性,可以以间隙量 r=3cm 为界。当服装款式为合体型或紧身时,r 为小于或等于 3cm,放松量通常在 19cm 之内;当服装款式为宽松型时,r 为大于 3cm,宽松型服装放松量往往要大于 26cm。胸围松量加放范围参考表 3-3-2。

表 3-3-2　各类型服装松量加放范围　　　　　　　　单位:cm

间隙量 r	款式类型	总放松量 S
当 r≤3	紧身	6~12
	合体	13~19
当 r>3	半宽松	19~26
	宽松	26 以上

(2)腰围放松量设计

腰围与胸围的放松量有所区别。胸围放松量是在净胸围的基础上进行加放,而腰围是在宽松胸围基础上进行收腰。这是因为胸部和臀部是凸面,而腰围属于人体的凹面,故选择在胸围基础上根据不同的胸腰差进行收腰分配。即当胸围放松量确定后,将加放了放松量的胸围规格减去一定的量,来确定腰围的放松量。胸腰差参见表 3-3-3。

表 3－3－3　一般款式胸腰差参考 单位:cm

款式	胸腰差（放松量）
裤子	腰围一般只加 2～3 松量、甚至不加松量
四片分割式上衣	4～6
六片分割式上衣	6～14
八片分割式上衣	14～18

　　上衣或裙子的胸腰差若超过 20cm，则需要增加纵向或者断腰分割线。这是由于胸腰差过大，腰线曲线过弯，工艺难度较大，增加纵向或断腰分割线可使服装更为服贴。

　　但也有例外，当款式为贴体连衣裙或旗袍时，则需按净腰围规格加放 6cm 左右，否则会影响腰部效果。当人坐在椅子上、呼吸、进餐前后时，胸围均会有 1.5cm 左右的差异，而人坐在地上时，腰围会增加 2cm 左右。但人体对腰围尺寸的感应较胸围要小的多，生理学研究表明，2cm 松量所产生的服装压对人体腰部不会产生影响，而从美学角度来讲，女性对腰部的服贴要求高，裤腰下方不应出现褶皱，所以通常合体裤的腰围是可以不加放松量，或者只加 2～3cm 左右的放松量。

　　（3）臀围放松量设计

　　从美学角度考虑，臀部以服贴平整为美，一般不增加运动量。如何勾勒女性穿着者的臀部线条是下装驳样的重点。服装臀围的尺寸与胸围类似，是在净臀围的基础上加一定的松量。当人坐在椅子上时，臀围增加 2.5cm 左右；坐在地上时，臀围增加 4cm 左右。因此，臀围的最小放松量应为 4cm 左右，一般上装的臀围加放 4～10cm，下装则根据款式进行灵活设置。

　　（4）臂围（袖肥）放松量设计

　　不同肥瘦的袖型要与成衣造型相匹配。袖山高决定袖子的肥瘦，袖山高越大袖子越瘦；反之，袖山高越小，袖子越肥。驳样时必须正确掌握袖山高与袖肥的关系，才能真正学会袖子的驳样制图。根据标准中号女性人体臂围尺寸为 26cm 左右，如为合体套装，其放松量一般为 5cm 左右，即其袖肥为 31cm。

　　也可以通过袖肥公式计算，以标准人体为例，B＝84cm，合体套装中穿着衬衫，其厚度 0.2cm 左右。

　　则:袖肥＝0.32B＋2πr(内衣厚度 0.2cm)＋活动量(4～6cm)
　　　　　＝0.32×84＋2×3.14×0.2＋4＝27＋1.2＋4＝32.2(cm)

　　即该成衣的臂围为 32cm 左右。

　　常见的女装、男装长度测量部位及围度加放量见表 3－3－4、表 3－3－5。

表 3－3－4　女装长度、围度放松量常用数据参考表 单位:cm

品种	长度测量		围度放松量			
	衣长或裤长	袖长	胸围	腰围	臀围	臂围
短袖衬衫	手腕下 1	肘关节上 5	6～18	8～34	2～10	2～8
长袖衬衫	手腕下 2	手腕下 3	8～20	10～36	2～12	3～10
西装	手腕下 4	手腕下 2	10～18	10～18	4～8	5～8

续表

品种	长度测量		围度放松量			
	衣长或裤长	袖长	胸围	腰围	臀围	臂围
便西装	手腕下 5	手腕下 3	12～22	12～22	6～10	6～10
夹克衫	手腕上 1	手腕下 2	14～30	14～46		8～15
马甲	手腕下 1		8～14	8～14	4～8	
旗袍	离地面 18～28	齐手腕	8～12	6～10	4～10	3～6
短大衣	大拇指中节	手腕下 3	16～26	16～42	8～20	6～18
中大衣	膝盖上 5	手腕下 3	16～30	16～46	8～24	8～20
长大衣	膝盖下 15	手腕下 4	18～36	18～52	10～28	8～20
短裤	膝盖上 12～18			0～2	6～10	
长裤	离地面 2			0～4	6～12	
短裙	膝盖上 8～15			0～2	4～6	
长裙	膝盖下 6～25			0～2	4～6	

表 3-3-5　男装长度、围度放松量常用数据参考表　　　单位：cm

品种	长度测量		围度放松量			
	衣长或裤长	袖长	胸围	腰围	臀围	臂围
短袖衬衫	齐虎口	肘关节上 5	12～18	10～28	8～16	5～10
长袖衬衫	齐虎口	手腕下 3	12～18	10～28	8～16	6～16
西装	大拇指中节	手腕下 1	12～18	12～18	8～12	5～10
西装马甲	腰节下 15		8～12	8～12	4～8	
中山装	大拇指中节	手腕下 1	16～22	16～22	6～8	6～12
便西装	大拇指中节	手腕下 1	18～26	18～26	8～10	6～12
夹克衫	虎口上 1.5	齐虎口	20～26	20～36		10～16
短大衣	齐中指尖	齐虎口	22～30	22～40	8～34	12～16
中大衣	齐膝盖	虎口下 0.5	24～32	24～42	10～36	12～16
长大衣	膝盖下 15	大拇指中节	26～34	26～44	12～38	12～18
短裤	膝盖上 12			2～3	8～12	
长裤	离地面 2			2～6	10～14	

第四节　服装成品规格设计

服装规格主要分为两类:示明规格和细部规格。示明规格是指用数字、字母等单独或组合,能够表示服装整体大小属性的规格。细部规格则是用具体的尺寸或用人体、服装基本部位(起关键作用)的回归式表示服装细部尺寸大小。

一、服装成品规格的表示方法

服装示明规格的表示方法有很多种,按照不同标准进行分类,主要有以下几种,见表3-4-1。

表 3-4-1　服装成品规格的表示方法

分类方法	具体方法
按表示方法的元素个数分类	一元表示:将服装某个最主要部位尺寸用一个数字或字母表示 二元表示:将服装某些最主要部位尺寸用两个数字或字母组合表示 三元表示:将服装某些最主要部位尺寸用三个数字或字母的组合表示
按元素性质分类	①号型法:根据体型发展规律和使用需要,选出最具代表性的部位,经合理归纳设置。其中人体代表性部位尺寸包括身高、人体净围度或腰围、人体体型组别(Y、A、B、C)三组的组合。常用于除使用领围法、胸围法及其他个别服装之外的所有服装的示明规格表示 ② 胸围法:用服装胸围的尺寸大小 B 表示服装的示明规格,常用于针织、编织服装,档差一般为5cm ③ 代码法:用英文字母或阿拉伯数字表示服装示明规格的大小属性 英文字母:XS、S、M、L、XL、XXL。从左到右规格逐渐增大,一般 M 表示中号 阿拉伯数字:2、4、6…12、14…24、27。其中 2、4、6、14 表示少儿服装规格,其数字表示适穿者年龄;14之后的数字只是代码,表示成年人服装,数字与年龄无关 ④ 领围法:用服装领围的尺寸大小 N 表示服装的示明规格,常用于男士立领衬衫,档差为1~1.5cm

以上服装规格表示方法中,号型法应用最广,尤其需要驳样制作者掌握。

"号"指高度,以 cm 表示人体的身高,是设计服装长度的依据。人体颈椎点高、坐姿颈椎点高、腰围高和全臂长等随着身高的增长而增长,与身高密切相关。

"型"指围度,以 cm 表示人体胸围或腰围,是设计服装围度的依据。臀围、颈围和总肩宽与胸围或腰围密切相关。

正确的服装号型规格不仅是驳样制作的依据,也是样板推档的重要参考。因此,制定规范化、科学化的服装规格就显得尤为重要。在表示服装号型规格时,用人体基本部位的净尺寸、人体体型组别来表示。通常用身高、胸围、腰围来表示人体的净尺寸,由此推算服装其他部位尺寸。现行《服装号型》国家标准于 2009 年 8 月 1 日开始实施,其代号为 GB/T1335—2008。

二、号型分类、系列及其配置

1. 体型分类

服装号型是成衣规格设计的基础,根据《服装号型》标准规定的控制部位数值,加上不同的放松量来设计服装规格。一般来讲,我国内销服装的成品规格都应以号型系列的数据作为规格设计的依据,都必须按照服装号型系列所规定的有关要求和控制部位数值进行设计。

学习如何配置号型,首先需要掌握的是人体的体型分类。依据人体净胸围和净腰围的差值,我国将人体体型分为四类,即 Y、A、B、C。人体体型的适应范围即由这四种体型分类代号来表示。具体分类代号见表 3-4-2。

表 3-4-2　体型分类代号及数值　　　　　　　　　　　　单位:cm

体型分类代号	男子胸腰差	女子胸腰差
Y	22～17	24～19
A	16～12	18～14
B	11～7	13～9
C	6～2	8～4

在人群中,A 和 B 体型分布较多,其次为 Y 体型,最少的为 C 体型,但各地区体型所占比例有所差异,全国各地区女子体型所占比例见表 3-4-3。

表 3-4-3　全国各地区女子体型所占的比例　　　　　　　单位:%

	Y	A	B	C	不属于所列四种体型
华北、东北	15.15	47.61	32.22	4.47	0.55
中西部	17.50	46.79	30.34	4.52	0.85
长江下游	16.23	39.96	33.18	8.78	1.85
长江中游	13.39	46.48	33.89	5.17	0.53
两广、福建	9.27	38.24	40.67	10.86	0.96
云、贵、川	15.75	43.41	33.12	6.66	1.06
全国	14.82	44.13	33.72	6.45	0.88

综合运用号、型和体型分类就可以明确表示出不同服装的尺寸信息,以便消费者、经营者来识别服装尺寸。标准中明确规定成品服装必须标明号、型,号和型之间用"/"分隔开,并在后面标明体型分类代号。如 160/84A,其中"160"表示身高为 160cm,"84"表示净胸围为 84cm,体型代号"A"表示胸腰差,此为女子胸腰差 18～14cm。在套装系列中,上、下装应分别标明号型,而童装中的号型标志不带有体型分类代号。

2. 号型系列

号型系列是指把人体的号和型进行有规则的分档排列。在服装规格系列设计中是以中间体作为中心,按照一定的档差数值,向上下、推档而组成的规格系列。根据大量实测的人体数据,通过计算,求出均值,即为中间体。以成年女子中间体为例,它反映了我国成年女子各类体型的身高、胸围、腰围等部位的平均水平。成年女子中间体设置见表3-4-4。

表3-4-4　成年女子中间体设置表　　　　　　　　　　　　　　单位:cm

女子体型	Y	A	B	C
身高	160	160	160	160
胸围	84	84	88	88
腰围	64	68	78	82

国家标准中明确规定成人上装采用5·4系列(身高每个档差为5cm,胸围每个档差为4cm),成人下装采用5·4或5·2系列(身高每个档差5cm,腰围每个档差为4cm或2cm),即以中间体为标准,当身高增减5cm,净胸围增减4cm,净腰围增减4cm或2cm。需要记住的是,号的分档是指人体身高的分档,不是服装规格中衣长或裤长的分档。套装中的号型配置可以依据号型系列选择,如上装选择一档胸围尺寸时,下装可以按照需要选择一档腰围尺寸,也可以选择两档或两档以上的腰围尺寸。例如,女子号型160/84A,其净胸围为84cm,A体型说明胸腰之差为18~14 cm,腰围尺寸应该是66~70cm,如果下装选用5·2系列,则腰围可以为66cm,68cm,70cm。

表3-4-5为女子5·4A、5·2A号型系列控制部位数值,表3-4-6为女子不同体型号型系列分档数据,表3-4-7为女装主要部位规格档差值。

表3-4-5　女子5·4A、5·2A号型系列控制部位数值　　　　　　单位:cm

A

部位	数　值											
身高	145			150			155			160		
颈椎点高	124.0			128.0			132.0			136.0		
坐姿颈椎点高	56.5			58.5			60.5			62.5		
全臂长	46.0			47.5			49.0			50.5		
腰围高	89.0			92.0			95.0			98.0		
胸围	72			76			80			84		
颈围	31.2			32.0			32.8			33.6		
总肩宽	36.4			37.4			38.4			39.4		
腰围	54	56	58	58	60	62	62	64	66	66	68	70
臀围	77.4	79.2	81.0	81.0	82.8	84.6	84.6	86.4	88.2	88.2	90.0	91.8
身高	165			170			175			180		
颈椎点高	140.0			144.0			148.0			152.0		
坐姿颈椎点高	64.5			66.5			68.5			70.5		

续表

A

部位	数　值			
全臂长	52.0	53.5	55.0	56.5
腰围高	101.0	104.0	107.0	110.0
胸围	88	92	96	100
颈围	34.4	35.2	36.0	36.8
总肩宽	40.4	41.4	42.4	43.4

部位												
腰围	70	72	74	74	76	78	78	80	82	82	84	86
臀围	91.8	93.6	95.4	95.4	97.2	99.0	99.0	100.8	102.6	102.6	104.4	106.2

表3-4-6　女子不同体型号型系列分档数值　　　　　　单位:cm

体型	Y			A			B			C		
部位	中间体	5·4系列	5·2系列	中间体	5·4系列	5·2系列	中间体	5·4系列	5·2系列	中间体	5·4系列	5·2系列
身高	160	5	5	160	5	5	160	5	5	160	5	5
颈椎点高	136.2	4.00		136.0	4.00		136.5	4.00		136.5	4.00	
坐姿颈椎点高	62.6	2.00		62.5	2.00		63.0	2.00		62,5	2.00	
全臂长	50.4	1.50		50.5	1.50		50.5	1.50		50.5	1.50	
腰围高	98.2	3.00	3.00	98.0	3.00	3.00	98.0	3.00	3.00	98.0	3.00	3.00
胸围	84	4		84	4		88	4		88	4	
颈围	33.4	0.80		33.6	0.80		34.6	0.80		34.8	0.80	
总肩宽	39.9	1.00		39.4	1.00		39.8	1.00		39.2	1.00	
腰围	63.6	4	2	68	4	2	78	4		82	4	2
臀围	89.2	3.60	1.80	90.0	3.60	1.80	96.0	3.20		96.0	3.20	1.60

表3-4-7　女装主要部位规格档差值　　　　　　单位:cm

规格名称	身高	后衣长	袖长	裤长	胸围	领围	总肩宽	腰围		臀围	
档差值	5	2	1.5	3	4	0.8	1	5·4	4	Y、A	B、C
								5·2	2	3.6、1.8	3.2、1.6

女子5·4Y、5·2Y号型系列见表3-4-8,5·4A、5·2A号型系列见表3-4-9。

表 3-4-8　女子 5·4Y、5·2Y 号型系列　　　　　　　　　　　　　　单位:cm

Y

胸围	身高														
	145		150		155		160		165		170		175		180
	腰围														
72	50	52	50	52	50	52	50	52							
76	54	56	54	56	54	56	54	56	54	56					
80	58	60	58	60	58	60	58	60	58	60	58	60			
84	62	64	62	64	62	64	62	64	62	64	62	64	62	64	
88	66	68	66	68	66	68	66	68	66	68	66	68	66	68	66	68
92			70	72	70	72	70	72	70	72	70	72	70	72	70	72
96					74	76	74	76	74	76	74	76	74	76	74	76
100							78	80	78	80	78	80	78	80	78	80

表 3-4-9　女子 5·4A、5·2A 号型系列　　　　　　　　　　　　　　单位:cm

A

胸围	身高																							
	145			150			155			160			165			170			175			180		
	腰围																							
72				54	56	58	54	56	58	54	56	58												
76	58	60	62	58	60	62	58	60	62	58	60	62	58	60	62									
80	62	64	66	62	64	66	62	64	66	62	64	66	62	64	66	62	64	66						
84	66	68	70	66	68	70	66	68	70	66	68	70	66	68	70	66	68	70	66	68	70			
88	70	72	74	70	72	74	70	72	74	70	72	74	70	72	74	70	72	74	70	72	74	70	72	74
92				74	76	78	74	76	78	74	76	78	74	76	78	74	76	78	74	76	78	74	76	78
96							78	80	82	78	80	82	78	80	82	78	80	82	78	80	82	78	80	82
100										82	84	86	82	84	86	82	84	86	82	84	86	82	84	86

3. 号型配置方法

进行服装规格设计时,必须在号型系列表的基础上结合实际需求选择合适的号型配置。具体的配置方式包括以下几种:

①一号配一型,如 160/80、165/84、170/88;

②一号配多型,如 160/80、160/84、160/88;

③多号配一型,如 160/88、165/88、170/88。

号型所标志的数据有时与人体规格相吻合,有时近似,因此具体对号时可以参照"就近靠拢"的方法,号型配置的就近靠拢示例见表 3-4-10。

表 3-4-10 号型配置的"就近靠拢"示例 单位:cm

号	对应身高				型	对应胸围			
165	162.5	163.5	167	167.5	84	82	83	85	86
170	167.5	169	172	172.5	88	86	87	89	90

另外,在具体号型设置时,不一定要硬套号型,可以根据服装款式、色彩、穿着者体型及爱好在一定范围内作选择。儿童与成年人的号型设置有所区别,儿童处于成长期,身高增长速度大于胸围、腰围,选择服装时,号可大一至两档,型可不动或大一档。当标准中规定的号型不够用时,也可适当扩大号型设置范围。扩大号型范围时,同样按各系列所规定的分档数和系列数进行。对服装企业来说,在选择和应用号型系列时,应注意的是,要根据本地区特征选择合适的号型系列,根据地区人口比例和市场需求安排生产。各体型人体的比例、号型覆盖率可参考国家标准。

4. 号型的配置步骤

《服装号型》国家标准的配置步骤:

① 确定服装适用范围,如地区、性别、身高、胸围、腰围的区间及体型。

② 确定中间体。找出标准中关于各类体型中间体测量部位的数据,将数据转换成中间体服装成品规格。

③ 以中间体尺寸规格为基准,按档差值有规律性地增减数据,推出区间内各档号型的服装成品规格。

④ 按各档规格数据制作生产用样板,并考虑批量大小、工艺技术等。

⑤ 质检部门依据服装号型的生成原则及标准规定,检验产品规格设置及使用标志是否准确、一致。

企业在号型配置时,必须根据各地区人体体型特征及服装款式特点,在服装规格系列表中选择合适的号、型搭配,这对驳样设计及服装适应市场需求都极为重要。因为科学正确的号型配置既可以保证大部分消费者的需求,又可避免生产过量,产品积压,给企业造成损失。另外,根据企业需求与发展,可对体型覆盖率较少或特殊体型的服装号型设置少量生产,以满足不同消费者的需求。

中间体的设置对于号型配置十分重要,要根据选定的中间体推出产品系列的规格表,这是对正规化生产的一种基本要求,是生产技术管理的一项重要内容。规格系列表中的号型,虽满足某一体型 $80\%\sim90\%$ 要求,但在实际生产和销售中,受企业规模、投产批量、品种、款式、消费人群等因素影响,往往不必完全按照规格系列表中的规格配置,而是选择其中一部分或热销号型进行生产。

复习思考题

1. 测量 5 位人体体型,掌握正确的量体方法。

2. 常用服装加放松量的规则是什么?

3. 服装成品规格表示方法有哪些?

4. 服装号型定义和体型分类是什么？女子中间体的设置是什么？

5. 号型应用中要注意的因素有哪些？

6. 号型配置的步骤有哪些？

第四章 服装图片驳样技术与技巧

 本章提要

　　服装图片驳样是服装结构设计的延伸,同结构设计相似,可以利用立体裁剪和平面结构设计两种常用方法。立体裁剪法简单、直观,便于理解人体与服装之间的关系,但效率较低;平面结构设计法的工作效率高,但需要系统的学习以及一定的经验才能运用自如。因此,本章重点学习基于平面结构设计的图片驳样技术,以女装为例,对实际生产中只有款式图片而没有实物来样的产品进行驳样。其主要学习内容包括女装原型绘制、结合设计风格配置细节部位尺寸、驳样结构图的绘制过程等。在第一章绪论中,已经介绍了服装驳样(实物驳样、图片驳样)的概述,包括驳样的定义、作用、技术要领及方法等,本章将就图片驳样的制作要领及操作技巧进行更详细的介绍。

学习重点

1. 图片驳样操作要领
2. 图片驳样制作者需要具备的实践知识和修养
3. 原型的定义、分类、作用
4. 女装原型的绘制
5. 产品尺码规格表的制定
6. 利用原型及设定的尺码规格进行驳样操作训练

第一节　服装图片驳样制作概述

　　服装图片驳样是指在实际生产中对只有款式图片而没有实物来样的产品进行驳样,绘制成服装结构图,得到的成品效果与设计图稿相似或一致。服装图片驳样是现代服装工业生产的重要组成部分之一,它是服装设计的延续和拓展。与服装结构设计相比,要求更严密、更准确、更规范。服装驳样的准确与否,将会直接影响到服装成品的美观与舒适,因此学习和掌握图片驳样制作的要领及方法显得尤为重要。而要做好图片驳样工作应注意以下三个方面,并做到边学习边总结。

一、图片驳样要领

1. 理解造型设计,培养艺术修养

图片的造型设计理解具体包括以下几个方面:整体造型(宽松度、肩部造型、下摆设计等)、衣缝线条设计(省道、分割线等)、重点特殊部位造型(领型、袖型等)、附件配置(口袋、襻、褶裥、花边等)、面辅料质地、工艺制作理解等。

在网购盛行的时代,经常会发生这样的事例:同样一件上衣或裤子,网页展示的式样造型和尺码规格基本一致,但到手的产品往往与描述不符甚至相差甚远,这就是驳样者对图片或原样观察不准、理解不透、判断失误所致。驳样制作者在进行结构设计前,首先必须结合当季的流行趋势理解该款式的造型设计,把握大方向。例如:客户要求图片驳样款式为 1 件"2014 夏季女 T 恤",图中模特穿着 T 恤自然站立时无露腰,抬手运动时露腰。如果驳样者只根据平常来样理解设计尺寸,衣长极有可能过于保守。但如若该驳样者熟知当季流行趋势,即 2014 年夏季流行露脐装,那么在理解造型时就更能准确把握方向,在衣长的尺寸设计时不容易被以往的衣长尺寸固化,设计更为大胆准确。

驳样者除了理解、复制图片款式,还可在客户要求或允许的前提下,对款式进行再创造发挥,或者修改弥补造型缺陷,这些都要求驳样者具有一定艺术修养。图片驳样虽以图片款式为依据,但成品的质量最终取决于驳样者的眼力及经验、对造型的理解程度和自身的艺术修养。所以,驳样制作既是一项技术工作,更是一项艺术创造,一件完美的驳样作品的完成是技术与艺术相结合的产物。因此,驳样者要有意识地锻炼自身艺术修养,时刻关注国内外的流行趋势、时尚动态,紧跟时尚潮流,做一名与时俱进的驳样者。

2. 准确确定图片中服装的尺寸及配置

图片驳样与实物驳样不同,无法直接从样品获取规格尺寸,因此,尺寸的配置是图片驳样的难点及核心,尺寸的准确与否直接关乎服装的整体造型。在设计服装的尺寸前,首先需要理解造型设计,然后考虑客户要求、体型、地域等,综合考虑各方面因素后,结合图片款式设计确定尺码规格,然后进行结构设计,并在结构设计过程中逐渐协调完善尺寸。对于一些细部零件的尺寸,诸如领面宽、领角造型、袖肥大小、袖山高、袋位和袋的尺码等,这些虽然是细微部位,却对整件服装的风格影响较大。在设计时,尤其是领型和袖型,可能需要多次修改,才能完善,驳样者需要具备一定经验及耐心。配置图片驳样尺寸时,要与整体服装造型风格相协调,并且考虑面料厚度、流行趋势、生产工艺对尺寸的影响,这是一门学问,需要驳样者不断推敲与积累。

3. 培养并总结服装结构设计的实践经验

成熟的驳样者需要积累多方面的技术经验,如立体裁剪、平面结构设计、缝纫工艺、面辅料知识等。驳样基于平面结构设计,而平面结构设计实质上是在立体裁剪的基础上进行延伸与发展的。例如,当驳样者遇到泡泡袖等复杂袖型时,袖子的具体展开量很难确定,此时可利用立体裁剪进行袖型效果测试,与款式图进行对比,使其造型风格与来样基本一致后进行平面展开,绘制结构图。立体裁剪方法更为立体直观,在处理特殊造型、波浪、褶皱等时高效而准确。另外,作为一名驳样者必须熟悉缝纫工艺的全过程,要清楚衣片前后缝纫顺序,各衣片的组合关系,分别需要哪些缝纫设备,熟知各种缝型所需的缝份,缝纫厚度及熨烫水洗等对成衣尺寸的影响以及产品的质量标准、技术指标等,驳样者要谨记尽量简化缝纫,便于生产流程安排。

面辅料知识同样也是驳样者要掌握的重点。驳样者一方面要掌握不同面料的缩水率;另一方面要熟练把控丝缕方向。缩水率大小是制定裁剪样板加长和放大的主要依据,可以通过试验获得尺寸大小。一般有四种方法,即自然缩水率试验、喷水缩水率试验、干烫缩水率试验和水浸缩水率试验。面料丝缕方向常见配置及作用见表4-1-1,掌握不同面料及里料的质地能够帮助驳样者更好地进行款式造型复制。驳样者只有掌握了以上各方面知识,才能够做到井然有序、统观全局,而这些知识需要驳样者在实践中、甚至失败中不断吸取教训,积累宝贵经验。

表4-1-1　面料丝缕方向常见配置及作用

一般部位	常用丝缕方向	作用
衣身、袖片、裤片	直丝缕	促使上衣门襟平服、后背方登,裤子的挺缝线,袖子的袖中线垂直不走样
挂面、腰面、袋嵌线等	直丝缕	牵制、固定位置,保证相关部位平服、不还口、不走样
袋盖等	横丝缕	它在横向略有利伸长,围成圆势时表现窝服自然、丰满贴身
波浪、喇叭裙、滚条、荡条、嵌线等	斜丝缕、45°正斜最佳	伸缩性大并富有弹性,易弯曲延伸,造型自然流畅

二、局部图片驳样方法

服装设计师的构思和意图,以及预想要达到的效果,都是要通过驳样制作者对款式图稿反复查看、琢磨、深刻理解造型设计后驳样完成。要准确理解造型意图,局部驳样也很重要,必须抓住设计图稿的每个细节,如衣袋造型、尺码及安放位置;折裥、暗裥、波浪、花边等附件设置;衣缝的走向和工艺缉线的情况;整件衣片的分割情况;收省的数量、位置与形状等。

(一) 口袋驳样

1. 口袋分类

服装上的口袋是服装的重要组成部分,它除了具有实用价值外,还有很重要的装饰作用。衣袋从外形上看五花八门,有大有小、有长有短、有圆有方、有立体与平面等。如中山式衣袋、活动式衣袋等。但从制作工艺上分,一般将袋型分为贴袋、挖袋和插袋3种。

① 贴袋:指在衣服表面直接用车缉或手缝袋布做成的口袋。特点是不剖开衣身面料,可任意缝贴在所需部位,袋形有作多种变化,袋面可做多种装饰,又称为"明袋"。贴袋造型见图4-1-1。

② 挖袋:又叫暗袋和开袋,挖口由切开衣身所得,袋布放在衣服里面的口袋,利用镶边,加袋盖或缉线制作。其袋口缉线一般有单嵌线和双嵌线两种,挖袋造型见图4-1-2。

③ 插袋:插袋一般是指在衣身前后片缝合处,留出袋口的隐蔽性口袋。如在上衣公主缝

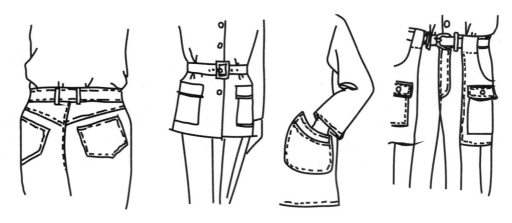

图 4-1-1　贴袋造型

上开出口袋、左右裤缝上的侧袋等一般都属于插袋,插袋造型见图 4-1-3。

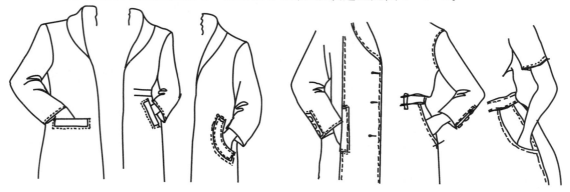

图 4-1-2　挖袋造型　　　　　　　　图 4-1-3　插袋造型

2. 口袋位置和大小的设计

口袋的位置主要根据上肢活动的规律和服装整体美观效果而定的。根据第三章第二节中提到的上肢活动范围可知,上衣袋的位置一般设在胸部和腹部之间的左右两侧;下装(裤或裙)的口袋在腰线以下 10cm 左右,设置在胯部旁侧或前侧,后臀左侧或右侧。

从实用功能的角度看,口袋的大小尺寸是根据人体手部的尺寸而制定的,但是,衣袋除了具有实用价值外,还有着很重要的装饰作用,所以口袋的大小设计不但要考虑实用,同时还要考虑衣袋的造型美观。所谓实用性就是说口袋的大小必须要以手的尺寸为依据而设计,同时还要视穿着者的性别、年龄、手的长度及厚度来决定口袋的大小。成年女性一般手宽在 10～12cm,由于这个原因,女上衣的袋口一般设计为 14～15cm;而成年男子手宽约 12～15cm,所以男子上衣的袋口约为 16～18cm。所谓装饰性就是说口袋的大小不仅要考虑手的尺寸,还要重视口袋的大小与整体款式的协调美。例如宽松式风衣、长大衣、军用大衣等的袋口较大,就是为了符合整体款式的协调。

(二)褶裥和塔克的驳样

抽褶、打褶、塔克是服装艺术造型中的主要手段之一,它能丰富服装款式的变化,增添服装艺术情趣。它们不但可以单独进行结构设计,也可以与省道、结构线合起来进行设计,但需要尊重款式的设计图稿。

　　褶裥常见的有直线的、曲线的和斜线的。褶裥按形态可分为顺裥、箱型裥、阴裥、风琴裥。

　　顺裥(排褶、Z字褶):是指向同一方向折叠的褶裥,即可向左或向右折倒。它包含直线裥和斜线裥等,如图4-1-4(1)所示。

　　箱型裥(工字褶):是指同时向两个方向折叠的褶裥。常用于裙片、衣身等的设计,如图4-1-4(2)所示。

　　阴裥(内工字褶):当箱型裥的两条明折边与邻近裥的明折边相重合时,就形成了阴裥,常用于男士衬衫后衣片设计等。

　　缩裥(抽褶):通过把面料较长较宽的部分缩短或缩小,发挥面料悬垂性、飘逸性,增加装饰效果,或使服装产生立体造型,常用于裙片、衣身等的设计,如图4-1-4(3)所示。

　　风琴裥:通过熨烫,使面料形成一种均匀、凹凸的形状,从而产生硬朗的褶裥效果。风琴裥一般较适用于轻薄的化纤面料,如图4-1-4(4)所示。

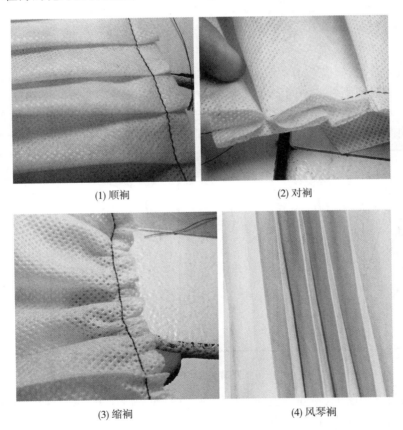

(1) 顺裥　　　　　　　　　　(2) 对裥

(3) 缩裥　　　　　　　　　　(4) 风琴裥

图4-1-4　褶裥造型

　　塔卡褶是指将折倒的褶裥全部或部分用缝迹线固定。按照缝迹固定的方法不同,塔克褶分为普通塔克和立式塔克,常用于衬衫等的设计,见图4-1-5。

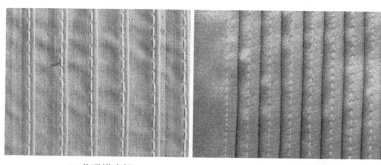

(1) 普通塔克褶　　　　　　　　　(2) 立式塔克褶

图 4 - 1 - 5　插袋造型

（三）线的驳样

线的驳样主要包括缉线、分割线、省道的驳样设计。缉线在服装中既起到点缀装饰、修饰体型的作用，又起到形成衣片轮廓的作用。

1. 缉线

缉线是西装、衬衫等服装中常用的工艺，能起到平服服装表面以及点缀装饰的作用。缉线的合理搭配能够表现服装的不同设计风格，例如袋口缉线一般采用单嵌线和双嵌线两种，如图4－1－2所示，单嵌线大衣显得简单精致，而双嵌线大衣显得稳重大方。又如，西装领的领边通常采用缉明线，且不同驳头的领子会搭配不同的明线造型，如图4－1－6所示。

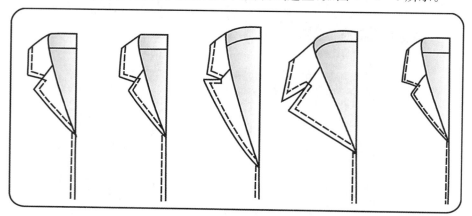

图 4 - 1 - 6　西装驳头与领子明线的搭配

当明线采用不同质地、不同颜色的缝纫线时，也会塑造出稳重、休闲、商务等不同风格的设计效果。在进行图片驳样时，驳样者可根据款式特点，合理搭配缉线的线条、质地、颜色，使得服装的款式特征更加鲜明。

2. 分割线

分割线，又叫作"破缝线""剪开线"。分割线既有装饰作用，又有功能性作用，它是服装设计中常用的设计手法之一，服装常用的分割形式有 4 种，见图 4 - 1 - 7。

① 垂直分割，又叫竖线分割；

② 水平分割，也叫横线分割；

③ 斜线分割；

④ 曲线分割，也叫自由分割。

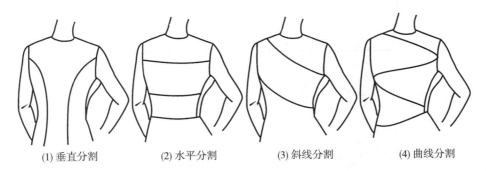

(1) 垂直分割　　　(2) 水平分割　　　(3) 斜线分割　　　(4) 曲线分割

图 4－1－7　服装常用分割形式

在装饰性表现上，以垂直分割线为例，如图 4－1－7①所示，该竖向的分割线在美学效果上能够塑造出人体"收腰丰臀"的效果，达到修饰人体体型的作用；而在功能性上，分割线与省道有着异曲同工之处，可将服装的肩省、胸省、腰省等转移至分割线，这是服装结构设计中常用的方法。人体并非单纯的圆筒形体或球体，而是一个有着丰富变化的复杂而微妙的立体。省道及分割线的设计是关乎服装能否达到合体之美的关键，驳样者必须仔细研究结构设计中省道及分割线的处理方法，达到技术与美的完美结合。

3. 省道

省道是指将衣料与人体体表之间的余量部分折叠并将其缝去处理，以作出衣片曲面状态或消除衣片浮起余量，实现服装合身的立体感。

省道设计的难点是省道的转移，其原则是在省道转移的过程中应保证其角度不变，省长和省大则会随着位置的不同而改变。胸省在 BP 点 360°范围内可设计省位。省尖距离 BP 点 2～3cm，肩省一般取 4～5cm，侧省(腋下省)通常超过胸宽线 2.5～3cm(为隐蔽起见)。省的转移方法有 3 种：旋转法、剪切法、量取法。

旋转法省道转移的步骤如下，转移示例见图 4－1－8，其中 4－1－8(1)将省道转移至袖窿，而 4－1－8(2)则转移至前中心。

① 复画原型轮廓(含省位)。

② 确定新的省位，重新放原型并在原型上定新省位的点。

③ 以 BP 点为中心，用旋转法把原型中的全省(包括胸省和腰省)转移至新省位处。

④ 描绘旋转以后的轮廓。

⑤ 确定新省位的省长，确定外轮廓线。

在结构设计中，省道的造型变化还有很多种，有些省道常分解为多个省，且这些省不直接通过 BP 点，此时则要采用剪切法和间接辅助线来完成结构设计。剪切法省道转移案例见图 4－1－9，其中 4－1－9(1)将袖窿省转移至领口两个省道，而 4－1－9(2)将领口省转移至肩部两个省道。

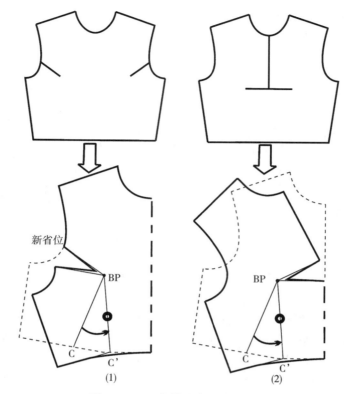

图 4 - 1 - 8 旋转法省道转移示例

图 4 - 1 - 9 剪切法省道转移示例

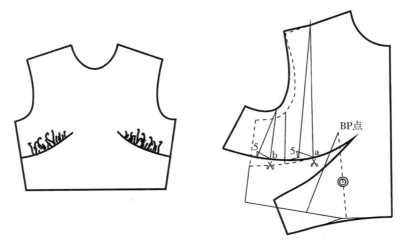

图 4-1-10　省道转为褶裥示例

省道除了融入分割线等变化形式,还可转化为褶裥,如图 4-1-10 所示,通过 a、b 两点处剪开,然后各拉开 50cm,分割线中增加了 10cm 的褶裥量作为装饰。

量取法是以胸高点为中心,将侧缝前后差量取移入侧缝处事先设定的位置,见图 4-1-11 所示。这种方法简单方便,但它只能用于同一侧位置的省道转移。

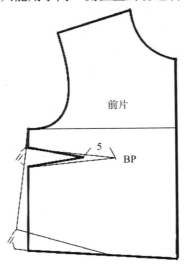

图 4-1-11　量取法省道转移

人体是一个立体的造型,为了使平面状的布料符合人体曲面,在设计时往往采取收省、抽褶、打裥等方式。合理的省道设计可从各个方向改变衣片块面的大小和形状,塑造出各种合体又美观的服装造型,使服装真正实现"实用、美观"的目的。省道的大小要以人体为基础,省可以是单个、集中、多方位,可以是直线或曲线。其形态的选择要遵循款式整体设计以及人体符合程度,不能机械地将所有省道都设计成直线省道,而必须根据人的体型设计合理的弧线省,或有宽窄变化的各种省道。

第二节　原型的绘制

　　所谓原型就是人体的基本形象,又叫母型、基型。它是服装平面制图的基础,不是正式的服装裁剪图。它是以人的净尺寸数值为依据,将人体平面展开后加入基本放松量制成的服装基本型。在服装制板时可以以此为基础进行各种服装款式变化,如根据款式造型的要求,在某些部位作收省、打褶裥、分割、拼接等处理,按季节和穿着的需要增减放松度等。

　　当前我国服装行业中使用的女装原型种类众多,本书图片驳样采用日本文化式新原型为基础,然后根据图片设计在原型的基础上进行松量加放和结构变化。原型是图片驳样的基础,如果对原型不了解,或掌握不够熟练,都会影响到图片驳样的准确性和规范性。只有深刻理解原型绘制的原理才能举一反三、灵活运用,为后期的图片驳样及实物驳样打好基础。

一、原型种类

　　所谓原型是指与人体部位对应的基本样板,又名基本纸样。原型种类很多,例如由于性别、年龄的不同有女装、男装和童装原型;由于国家、地区的不同导致体型上的差异,有日本原型、美国原型、英国原型等不同类型;由于服装品种的不同有衬衫、套装、内衣、裙子、裤子等原型;由于样板设计的侧重点不同,又会有多种流派产生,如日本的文化式原型、登丽美原型等;另外同一种原型也需要随着时代发展不断地更新、改进和优化,如日本的文化式原型经历了百年的发展,现今已经产生了第八代新原型。

　　日本文化式、登丽美式是目前我国服装行业应用较多的原型,美国原型近几年也逐渐被服装从业人员接受并应用,另外还有国内服装专业人士自创的各种原型。但由于日本文化式原型发展时间长,且代表了亚洲的人体,所以受到我国业内人士的喜爱,加之其具有采寸部位少、结构简单、操作容易等诸多优点,为我国的服装专业人士所熟知。权衡上述因素,本书选择日本新文化式原型作为图片驳样所用原型。

二、女装原型结构制图

　　原型是人体相应部位的基本样板,按人体相应部位进行分类,原型分为裙原型、衣身原型、袖原型等,下面分别介绍这几个原型的结构制图方法。

(一)裙原型结构制图

1. 裙原型部位主要结构线

　　裙原型即紧身裙、基本裙,是覆盖女性腰腹臀的下半身服装。一般女下体体型表现为腹部浑圆,背部腰线凹陷较深、曲度大,腰节高,盆骨较低,臀部丰满宽大,腰围截面较臀围截面略前倾,存在一定前后差,如图4-2-1所示。

　　裙原型结构是在女下体体型特征的基础上进行设计的,裙原型主要结构线包括腰围线、中臀围线、臀围线、摆线、前后中线、侧缝线,如图4-2-2所示。裙原型设计时利用省道塑造立

体效果,使得省尖部位呈现凸起,贴合腹臀曲线,而腰部则收掉多余浮量,起到收腰效果;

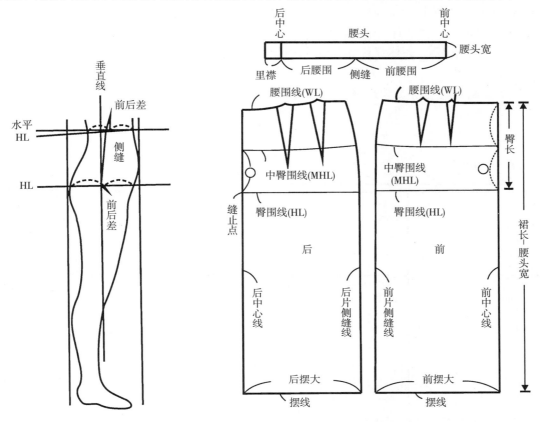

图4-2-1　一般女下体体型特征　　　　图4-2-2　裙原型部位主要结构线名称

另外侧缝曲线由臀线至腰线部位逐渐向内缩进,这些均是根据女下体腰细、腹部浑圆、臀部丰满等体型特征而设计的。可见,体型分析是原型设计的基础,而原型结构设计的尺寸来源于体型测量的数据,其适用于绝大多数体型,在图片驳样设计时,合理利用原型可大大提高驳样的准确性及效率。

2. 制图规格

裙原型号型为160/66A,臀围在净体尺寸90cm的基础上增加2cm松量,裙长、腰围、臀长未加松量,均为净体尺寸,分别为裙长60cm、腰围66cm、臀长18cm,如表4-2-1所示。

表4-2-1　裙原型制图规格　　　　　　　　　　　　　　　　　　(单位:cm)

号型	部位名称	裙长(L)	腰围(W)	臀围(H)	臀长	腰头宽
160/66A	净体尺寸	60	66	90	18	3
	成品尺寸	60	66	94	18	3

3. 制图方法及步骤(注:图中W为净腰围,H为净臀围)

(1) 绘制基础线(图4-2-3)

① 裙长:纵向绘制裙长,为总裙长减去腰头宽。

② 臀围线:横向绘制臀围大,为净臀围/2加2cm的松量。

③ 臀长：根据臀长 18cm，绘制臀围线（根据人体的不同身高，取对应的尺寸。以身高
160cm 为基准，其臀长为 18cm。身高以 5cm 跳档，臀长 1cm 增减变化）。

④ 侧缝基础线：将臀围大二等分，中点偏左 1cm（前后差），绘制前后片分界线。而前臀围
大于后臀围的原因是，人体穿着紧身裙时，将裙侧缝隐藏于后身，避免侧缝线影响美观，使得正
面效果更加完整。

（2）绘制侧缝线和腰围线（图 4-2-4）

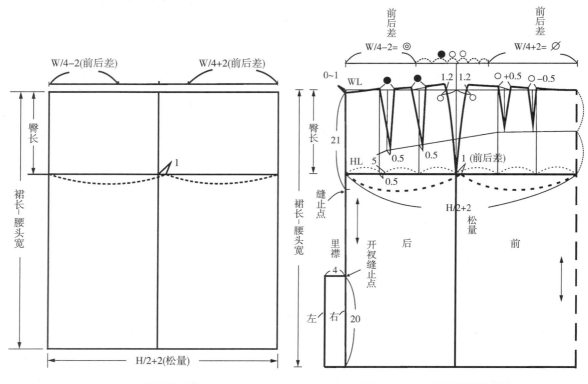

图 4-2-3　裙原型基础线　　　　　　　　　图 4-2-4　裙原型结构制图

① 腰围：先确定前后腰围大，前腰围大＝W/4＋2（前后差），后腰围 W/4－2（前后差）。腰
部和臀部的前后差是由人体体型特点决定的，设置前后差的原因是使侧缝线形状比较均衡。

② 侧缝线：腰围确定之后，将余量进行等分，确定侧缝收腰的量，然后从腰到臀绘制弧线，
弧线的形态要符合从腰到臀侧体的曲面形态。根据人体腰部形状，弧线在腰围线上起翘
1.2cm，后腰中点下落 0~1cm 绘制前后腰围线。

③ 省位：为了达到均衡美观的视觉效果，省道位置应位于臀围的三等分左右处。以此为
基准来确定省道的具体位置。

④ 省道：根据人体体型特征，裙原型的省道有以下几个特点：一是前片的总省量小于后片
的总省量。这是因为人体臀部突起大，腹部突起小。二是前片省道的长度小于后片省道的长
度。这是因为省尖都是指向突起点的，而臀部突起位置偏下，腹部突起位置偏上，所以前后省
道长度不一样。三是前片的两个省道大小不一样。这是因为人体腹部的曲面有变化，靠人体
侧身部位由于大腿以及腹股沟的影响，曲面较大，所以省道较大，而靠前中心的省道偏小。

⑤ 开衩及腰头：开衩的长度要根据裙长来确定。通常开衩止点位于人体臀下 10cm 至膝

关节之间,既方便行走,又遮羞,开衩的宽度为 4cm;裙子的腰头宽一般为 3cm,长度为裙子成衣腰围再加上叠门宽。

在绘制好的结构图上,进行结构线的加粗(图 4-2-4)。然后在每个衣片上标注丝缕以及衣片的名称。最后再标注记号,主要是后中心拉链缝合止点。

(二)衣身原型结构制图

衣身原型是覆盖腰节以上躯干部位的基本样板,以第八代文化式原型(即新文化原型)为标准制作样板。

1. 衣身原型各部位主要结构线的名称(图 4-2-5)

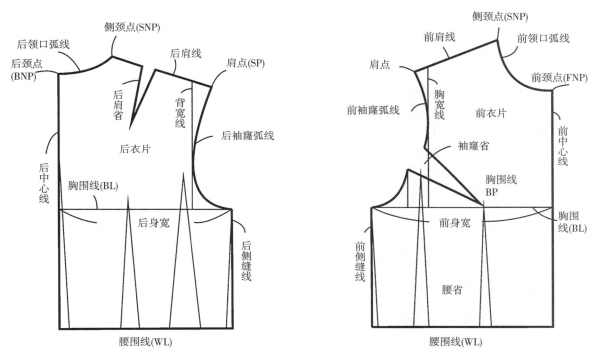

图 4-2-5　衣身原型各部位主要结构线名称

2. 制图规格

衣身原型号型为 160/84A,胸围在净体尺寸 84cm 基础上增加 12cm 松量,背长为 38cm,如表 4-2-2 所示。

表 4-2-2　衣身原型制图规格

号型	部位名称	背长	胸围(B)
160/84A	净体尺寸	38	84
	成品尺寸	38	96

日本文化式女装原型制图所需的尺寸比较简单,衣身只需人体的净胸围、背长。本书选取了我国现行国家标准的中号(M)规格,即胸围 B 为 84cm,背长为 38cm 作为 M 号原型样板的

制图尺寸。

3. 制图方法及步骤

成人女子原型利用胸围和背长进行制图,同时以右半身状态为参考。具体制图方法如图4-2-6、图4-2-7所示,各部位尺寸参考表4-2-3。

表4-2-3 根据胸围计算生成的各部位数据一览表 单位:cm

公式 B	身宽	A～BL	背宽	BL～B	前胸宽	B32	前领口宽	前领口深	胸省	后领口宽	后肩省
	B/2 +6	B/12 +13.7	B/8 +7.4	B/5 +8.3	B/8 +6.2	B/32	B/24+ 3.4=◎	◎+0.5	度/(B/4 -2.5°)	◎+0.2	B/32 -0.8
84	48	20.7	17.9	25.1	16.7	2.6	6.9	7.4	18.5	7.1	1.9

(1)绘制基础线(图4-2-6)

① 以A点为后颈点,向下取背长尺寸作为后中心线。

② 画WL水平线,并确定身宽(前后中心线之间的宽度)为B/2+6cm。

③ 以A点向下取B/12+13.7cm确定胸围水平线BL,并在BL线上取身宽为B/2+6cm。

④ 垂直于WL画前中心线。

⑤ 在BL线上,由后中心向前中心方向取背宽为B/8+7.4cm,确定C点。

⑥ 经C点向上画背宽垂直线。

⑦ 经A点画水平线,与背宽线相交。

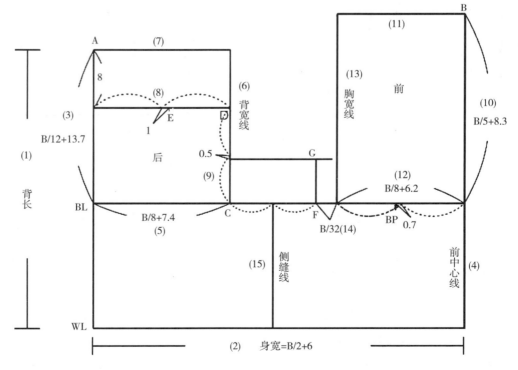

图4-2-6 衣身原型基础线

⑧ 由 A 点向下 8cm 处画一条水平线,与背宽线交于 D 点。将后中心至 D 点之间的线段两等分,并向背宽线方向取 1cm 确定 E 点,作为肩省省尖点。

⑨ 将 C 点与 D 点之间的线段两等分,通过等分点向下量取 0.5cm,过此点画水平线 G 线。

⑩ 在前中心线上从 BL 线向上取 B/5+8.3cm,确定 B 点。

⑪ 通过点 B 画一条水平线。

⑫ 在 BL 线上,由前中心向后中心方向取胸宽为 B/8+6.2cm,并由胸宽二等分点的位置向后中心方向取 0.7cm 作为 BP 点。

⑬ 画垂直的胸宽线,形成矩形。

⑭ 在 BL 线上,沿胸宽线向侧缝方向取 B/32 作为 F 点,由 F 点向上作垂直线,与 G 线相交,得到 G 点。

⑮ 将 C 点与 F 点之间的线段二等分,过等分点向下作垂直的侧缝线。

（2）绘制轮廓线（图 4-2-7）

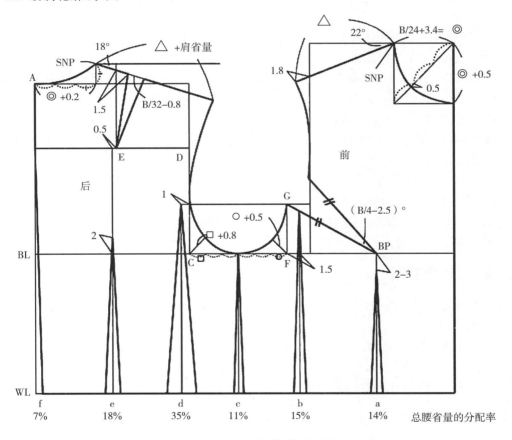

图 4-2-7　衣身原型结构制图

① 绘制前领口弧线。由 B 点沿水平线取 B/24+3.4cm=◎（前领口宽）,得 SNP 点。由 B 点沿前中心线取 ◎+0.5cm（前领口深）,画领口矩形。依据对角线上的参考点,画圆顺前领口弧线。

② 绘制前肩线。以 SNP 为基准点取 22°的前肩倾斜角度,与胸宽线相交后延长 1.8cm 形成前肩宽度△。

③ 绘制后领口弧线。由 A 点沿水平线取◎＋0.2cm（后领口宽），取其 1/3 作为后领口深的垂直线长度，并确定 SNP 点，画圆顺后领口弧线。

④ 绘制后肩线。以 SNP 为基准点取 18°的后肩倾斜角度，在此斜线上取△＋后肩省（B/32－0.8cm）作为后肩宽度。

⑤ 绘制后肩省。通过 E 点，向上作垂直线与肩线相交，由交点位置向肩点方向取 1.5cm 作为省道的起始点，并取 B/32－0.8cm 作为省道大小，连接省道线。

⑥ 绘制后袖窿弧线。由 C 点作 45°倾斜线，在线上取□＋0.8cm 作为袖窿参考点，以背宽线作为袖窿弧线的切线，通过肩点经过袖窿参考点画圆顺后袖窿弧线。

⑦ 绘制胸省。由 F 点作 45°倾斜线，在线上取○＋0.5cm 作为袖窿参考点，经过袖窿深点、袖窿参考点和 G 点画圆顺前修了弧线的下半部分。以 G 点和 BP 点的连线为基准线，向上取（B/4－2.5）°夹角作为胸省量。

⑨ 通过胸省省长的位置点与肩点画圆顺前袖窿弧线上半部分，注意胸省合并时，袖窿弧线应保持圆顺。

⑩ 绘制腰省。省道的计算方法及放置位置如下所示（可按图 4－2－7 进行分配）：总省量＝ B/2＋6cm－（W/2＋3cm）

a 省：由 BP 点向下 2～3cm 作为省尖点，并向下作 WL 线的垂直线作为省道的中心线。

b 省：由 F 点向前中心方向取 1.5cm 作垂直线与 WL 相交，作为省道的中心线。

c 省：将侧缝线作为省道的中心线。

d 省：参考 G 线的高度，由背宽线向后中心方向取 1cm，由该点向下作垂直线交于 WL 线，作为省道的中心线。

e 省：由 E 点向后中心方向取 0.5cm，通过该点作 WL 的垂直线，作为省道的中心线。

f 省：将后中心线作为省道的中心线。

各省量以总省量为依据，参照各省道的分配率关系进行计算，并以省道的中心线为基准，在 WL 线两侧取等分省量。

（三）袖原型制图

将上半身原型的袖窿省闭合（图 4－2－8），以此时前后肩点的高度为依据，在衣身原型的基础上绘制袖原型。

（1）绘制基础框架（图 4－2－8、图 4－2－9）

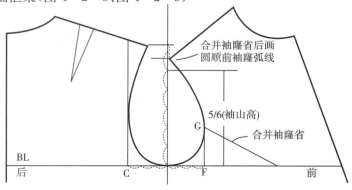

图 4－2－8　合并袖窿省，画圆顺前袖窿弧线

① 如图 4-2-8 所示,拷贝衣身原型的前后袖窿。将前袖窿省闭合,画圆顺衣身的前后袖窿弧线。

② 确定袖山高。将侧缝线向上延长作为袖山线,并在该线上确定袖山高。袖山高的确定方法是:计算由前后肩点高度差的 1/2 位置点至 BL 线之间高度,取其 5/6 作为袖山高。

③ 确定袖肥。由袖山定点开始,向前片的 BL 线取斜线长等于前 AH,向后片的 BL 线取斜线长等于后 AH+1cm,在核对袖长后画前后袖下线。

④ 画出肘位线。

（2）轮廓线的制图（图 4-2-10）

① 将衣身袖窿弧线上□至○之间的弧线拷贝至袖原型基础框架上,作为前、后袖山弧线的底部。

② 绘制前袖山弧线。在前袖山斜线上沿袖山顶点向下量取前 AH/4 的长度,由该位置点作前袖山斜线的垂直线,并取 1.8～1.9cm 的长度,沿袖山斜线与 G 线的交点向上 1cm 作为袖窿弧线的转折点,经过袖山顶点、两个新的定位点及袖山底部画圆顺前袖窿弧线。

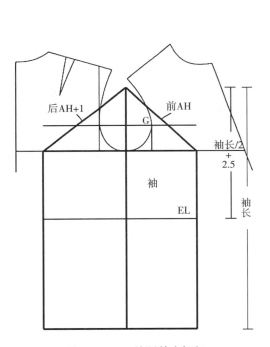

图 4-2-9　绘制基本框架

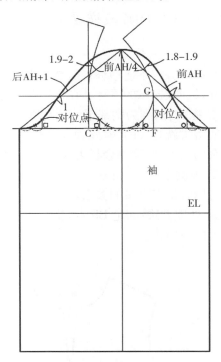

图 4-2-10　绘制轮廓线

③绘制后袖山弧线。在后袖山斜线上沿袖山顶点向下量取前 AH/4 的长度,由该位置点作后袖山斜线的垂直线,并取 1.9～2cm 的长度,沿袖山斜线与 G 线的交点向下 1cm 作为袖窿弧线的转折点,经过袖山顶点、两个新的定位点及袖山底部画圆顺后袖窿弧线。

⑤ 确定对位点。前对位点:在衣身上测量由侧缝线至 G 线的前袖窿弧线长,并由袖山底点向上量取相同的长度确定前对位点。后对位点:将袖山底部画有□印的位置点作为后对位点。侧缝线至前后对位点之间不放吃势量。

随着服装行业的迅猛发展,人们的流行观念和消费意识不断提高,把握服装的流行趋势显得越来越重要。目前国内外有很多服装企业很少完全依赖自己的设计和研发,更多的是在各个服装品牌的发布会上寻找灵感或者是根据市场调研确定当前流行的款式,再进行大量生产。但是对于企业来说,对每一件衣服都通过成品分解的方式进行驳样势必导致成本过高,所以在很多情况下,样板师会根据款式图片进行驳样,以此来呈现原有的内在结构,也就是图片驳样。

第三节　上装图片驳样

一、上装图片驳样基础

无论是上装或下装,图片驳样设计的第一步均是进行款式图片分析,具体包括合体度分析、面料分析、工艺处理形式分析、细部结构分析等。

(一)上装图片驳样要素

1. 合体度分析

合体度分析是造型分析的第一步,需要根据款式图确定其放松量。在第三章已学习了服装尺寸及加放松量的设计。在这里介绍与合体度直接相关的"撇胸"量的设计。

① 撇胸:撇胸为胸部至前颈窝所形成差量而设定的省量,其目的是使前领口服贴,胸部挺起。通俗讲就是人的胸是凸的,而非平面,当前衣片平贴在人体上时,前中的胸部到颈部会出现多余的面料,将这些余料去掉便为撇胸。

② 撇胸量设计:如图4-3-1所示,结构设计时,撇胸量为胸省的1/3左右,显然撇胸量的大小与胸省量有直接的关系。

③ 处理方法:固定BP点,将纸样逆时针旋转后,使胸省的三分之一移至前颈点,修正BP点以上的前中线。

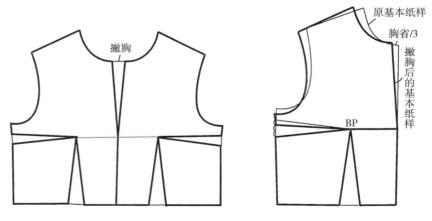

图4-3-1　撇胸结构设计

2. 面料分析

采用不同的面料可产生不同的服装立体廓型,如褶裥和波浪造型会因面料特性不同而产生不同的效果。为了准确表达设计意图,图片驳样时要充分考虑材料本身的物理性质。

3. 工艺处理形式分析

服装生产加工手段多样,会因款式、面料、设备等的不同,其加工工艺处理形式也相应发生变化,如缩缝工艺、归拔工艺、省道或接缝工艺等,不同工艺会产生不同的服装造型效果。

4. 细部结构分析

上装的细部结构分析比下装复杂,主要包括衣身、领子、袖子等部位的结构分析。其中领子和袖子的款式变化较复杂,驳样者需要有一定的经验,要了解各种领子及袖子的分类、变化特点、结构设计方式,学会举一反三,灵活运用。

以下将介绍常见的领子和袖子的分类及特点。

(1)领子

领子是服装结构设计的重要组成部分,是连接头部与身体的视觉中心,在很大程度上表现服装的美感。在研究服装领型时,必须研究掌握人体颈部、头部和肩部的造型特征以及三者之间的关系。人体的颈部造型近似一个不规则的圆柱体,颈部上细下粗,并向前倾斜,因此在进行领子结构设计时一般设计为后宽前窄、后高前低、上围小下围大,使得领型符合颈部的造型特点。

领子的款式变化繁多,根据其基本结构可分为无领、平领、立领、驳领 4 类,但各类领型的设计并没有明显界限,可相互补充与转化。

① 无领:不装领,以领口造型命名,如圆领、方形领、船形领、V 形领、鸡心领、一字领等。若为套头衫,其领口围要满足穿脱要求,如图 4 - 3 - 2 所示。

方形领　　　　　船形领　　　　　V形领

图 4 - 3 - 2　无领造型

② 平领:又称"摊领",是一种完全贴伏于领围处,几乎没有领座,领片直接翻摊在肩部上面的领型。常见的平领有普通平领、海军领、披肩领、荷叶边领、意大利领等,如图 4 - 3 - 3 所示。

普通平领　　　海军领　　　披肩领　　　荷叶边领　　　意大利领

图 4 - 3 - 3　平领造型

③ 立领：立领从结构上分为单立领和翻立领。立领给人以稳定、端庄、严谨的感觉，同时具有防风、保暖作用，因此被广泛用于制服、秋冬服装等。

（a）单立领：指由一条布料裹住颈部形成环状的领型，如直立领、旗袍领等，如图4-3-4所示。单立领的结构较为简单，只要有领长和领宽两个尺寸即可，领长是前后领围长度相加，即衣身领围的长度。

（b）翻立领：指由立领作领座、翻领作领面组合形成的领子。翻立领分为两种形式：一种是由领座与领面分开的两片领；另一种是由领座与领面连在一起的衣片领，也称作连身立领。两种形式的领子可以互相转换，常用于衬衫、夹克、风衣等服装中，如图4-3-4所示。

旗袍领　　　　翻立领　　　　连身立领

图4-3-4　立领造型

④ 驳领：俗称西服领，领子与门襟驳头部分翻折，属开门式翻折领。这类领子在服装中应用十分广泛，造型丰富多变。以造型款式分类，有平驳领（普通西服领）、戗驳领、青果领、燕子领等，如图4-3-5所示，常用于西装、风衣、夹克等。

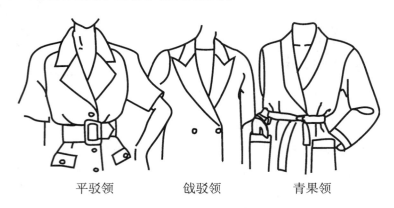

平驳领　　　　戗驳领　　　　青果领

图4-3-5　驳领造型

（2）袖子

袖子的驳样设计首先要对人体的上肢、肩部和服装之间的关系有所了解。上肢由上臂、肘关节、前臂、腕关节和手掌等部分组成，基本结构决定了上肢的活动范围，人体运动尺度范围可参考第三章。为了适应人体运动需要以及服装的造型设计，在进行袖型结构设计时必须正确设计规格尺寸，使袖型既实用又美观。袖子的款式丰富，可对袖长、袖肥、袖山、袖口等部位进行不同效果的设计。常见的袖子可按照装接形式、袖长、袖片数、袖子形态等进行分类。

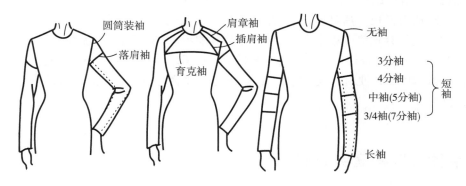

图4-3-6 女上衣袖型分类

① 按装接形式分类：分为装袖、连身袖与插肩袖，见图4-3-6。

（a）装袖是袖片与衣身为独立裁片，装缝，它是服装中最常用的袖子。根据造型又可分为圆装袖和落肩袖。

（b）连身袖是衣身与袖身二合一，相连成一裁片。连身袖分别有蝙蝠袖、和服袖及插片连袖等。

（c）插肩袖是衣身的肩部与袖片相连。根据造型又有肩章袖、育克袖等。

② 按袖长分类：可分为无袖、短袖和长袖三类，见图4-3-6。其中短袖又根据实际袖长可分为超短袖、三分袖、四分袖、中袖、七分袖等。

（3）按袖子片数分类：分为一片袖、两片袖、多片袖。

一片袖常用于宽松服装，结构较简单，造型多为顺直型。如采用肘省、袖省或袖衩产生袖弯，则可变化形成合体型。两片袖一般为合体袖，主要体现在袖弯的处理上，袖弯使袖子产生前倾的造型。

从形态角度，袖子形态千变万化，但无论如何变化，其袖山曲线与衣身袖窿曲线长度应吻合。衣袖和袖窿的组合与手臂构成的关系密切，在配袖之前必须先确定衣身袖窿。图片驳样的袖窿弧长（AH）通过测量衣身前后袖窿所得，AH是配袖的主要规格之一。通常，如袖山高，则袖肥窄，袖型修长合体；如袖山低，则袖肥大，袖型宽松便于运动。

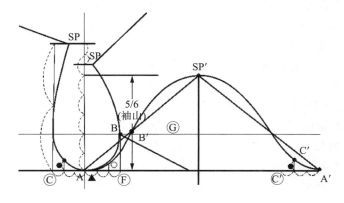

图4-3-7 吃势量分配

另外,为了使袖山头饱满又圆顺,袖山头要增加吃势,即袖山弧线大于袖窿弧线。一般装袖的袖山弧长比袖窿弧长多 1~4cm,作为上袖缝接时的吃势量。吃势量的设计与面料厚度有关,面料较厚时袖山弧长与袖窿弧长差数偏大,反之差数则偏小,这时需作相应调整。在拼接袖窿和衣身时,大部分吃势应集中在袖山顶点周围,如图 4-3-7 所示,弧线 B′~SP′ 一般为分配总吃势的 48%~49%,SP′~C′ 分配总吃势的 52%~51%,C′~A′ 与 A~B′ 这两段不放吃势量。只有合理设计 AH、袖山弧线及吃势量,袖子与衣片缝合后才能形成合理的内在结构和圆顺的袖型轮廓。

二、上装图片驳样案例分析

(一) 女套装图片驳样

1. 款式分析

(1) 款式

该单排扣平驳领西服属三开身六裁片结构,采用分割、胸省和腰省体现背部和腰身的合体造型,两片合体袖。服装合体含蓄,适合白领女性穿着(图 4-3-8)。

(2) 面料

可采用全毛呢料或毛与化纤混纺面料。

用料:面布幅宽 160cm,用量 140cm;里布幅宽 90cm,用量 190cm;厚衬(前身、里领)幅宽 70cm,用量 90cm;薄衬(贴边、领面、里领座、后背、下摆、袖口、口袋)幅宽 100cm,用量 90cm。

2. 规格设计

该款为三开身修身型短款西装,参考第三章第三节服装尺寸及加放量的设计可知,普通女西装外套后中长占身高 40% 左右,且本西装为较短款,故以 160/84A 号型为例,衣长设为 160(号)×40%－4cm(短款)＝60cm;一般较紧身服装胸围放松量为 6~12cm,合体女装胸围放松量 13~18cm,本款西装较为修身,故胸围松量设为 12cm。参考第三章表 3-3-3,六片式分割上衣胸腰差一般为 6~14cm,本款西装较为收腰,故将胸腰差设计为 14cm。一般合体上衣臀围尺寸增加 4~12cm,本款西装臀摆适中,故将臀围增加 10cm 松量。袖长一般由全臂长加 2~4cm,或者通过身高的 30%＋(5~8cm)计算得到,根据该西装款式特征,将袖长设为 56cm。该款西装成品规格见表 4-3-1。

图 4-3-8　女套装款式图

表 4－3－1　女套装上衣成品规格　　　　　　单位:cm

号型	部位	后中长(L)	胸围(B)	腰围(W)	臀围(H)	袖长(SL)	袖口宽(SK)
	净体	38(背长)	84	68	90	53(臂长)	/
160/84A	加放	22	12	14	10	3	/
	规格	60	96	82	100	56	12.5

3. 省量分析

在原型的基础上,前、后片之间相隔 3cm,即从后中量至前中的长度为 51cm,而半身胸围、腰围和臀围分别为 48cm、41cm 和 50cm,则在胸围线、腰围线、臀围线上省量分别为 3cm、10cm、1cm,则有如表 4－3－2 的省量分配:

表 4－3－2　女套装上衣省量分配　　　　　　单位:cm

部位	后中	后公主线	前公主线	前省道
胸围线	0.5	1.5	1	0
腰围线	2	4	2	2
臀围线	2	—1	0	0

4. 原型的借助方法

① 与后中心线垂直交叉画出腰围线,放置后身原型。在距离后身原型 3cm(松量)放置前身原型。省道以及 BP 点做出记号,通过 G 点作水平线。

② 肩省量的 1/2 合并,剪开袖窿,分散合并的省量,订正肩线、袖窿线。

③ 从前中心线的胸围线剪开到 BP 点,合并胸省使前颈点处与原型的撇势为 0.7cm。再将领口省剪开,然后将余下的胸省的 1/3 合并将省道转移至领口省。

④ 与前中心线平行,追加 0.7cm 作为面料的厚度量,成为新的前中心线。

⑤ 在后中心线上取后中长。从腰围线向下取腰长 18cm 画水平线,成为臀围线、

⑥ 与前中心线平行画出 2.5cm 为叠门,并垂直画到下摆,成为前止口线。

由于胸省的大小是根据胸围尺寸换算得到的,因此胸型挺而大则胸省就越大。根据具体款式的不同,袖窿省可以转移或作为服装的松量,也可结合垫肩的有无进行相应处理。

根据上述原理,本款西装的省量设计是将胸省的一部分作为撇胸量,即合并胸省使前颈点处与原型的撇势达到 0.7cm。然后将剩余的胸省 2/3 留在袖窿作为松量,1/3 转移到领口作为领口省。另外,后肩省也同样,肩省 1/2 转移到袖窿为松量,剩余的 1/2 省量作为后肩归缩量。

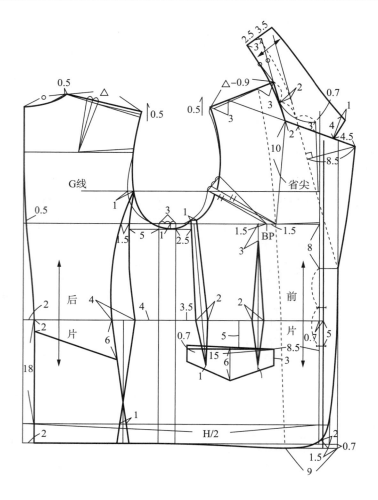

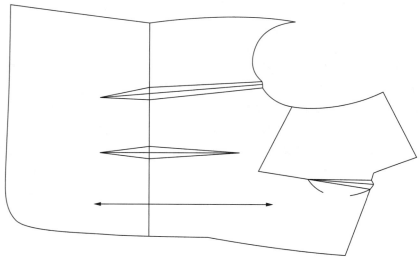

图 4-3-9 女套装衣身结构图

5. 结构制图

（1）衣身后片（图 4-3-9）

① 后肩省：肩省量的 1/2 合并，剪开袖窿，分散合并的省量，修正肩线和袖窿线。

② 后领口宽：在原型的基础上，在侧颈点处（SNP）开大 0.5cm。

③ 后肩：在原型的基础上，把肩点位置垂直上移 0.5cm，连接侧颈点（SNP）和肩点（肩线长度为未上移时的原长度）。

④ 后中省量：在胸围线上朝侧缝方向偏移 0.5cm；在腰围线上朝侧缝方向偏移 2cm；在底摆线上朝侧缝方向偏移 2cm。

⑤ 袖窿：在原型基础上，袖窿深下降 1cm，并在前、后片之间的距离上朝前片方向取 2/3 长度的点作为袖窿底点；同时把 G 线与原形后袖窿弧线的交点朝前片方向偏移 1cm。

⑥ 后公主线省道：从原型侧缝线朝后片方向取 5cm 的点作为省道右端，并做 1.5cm 的省量；在腰围线上，以过原型袖窿底点的垂线与腰围线的交点朝后片方向取 4cm 的点作为腰省右端，并做 4cm 的省量；在臀围线上，使后片省量与臀围线交叉，取 1cm 交叉量，补足臀围的规格尺寸；连顺各点，画好省道。

⑦ 后片分割：在后中线上离开腰线 2cm 一点和后公主线离开 6cm 一点连接，作为后衣片斜向分割线。

（2）衣身前片（图 4-3-9）

① 在原型基础上，从前中线向右取 0.7cm 作为面料厚度，再向右取 2.5cm 作为叠门。

② 撇势：从前中线的胸围线处剪开到 BP 点，在前颈点处做原型的撇势 0.7cm，并合袖窿省。

③ 前肩：在原型基础上，前肩点垂直上抬 0.5cm，连接前侧颈点和肩点，前肩线长为后肩线长－0.9cm。

④ 前片省道：以 BP 点朝侧缝方向取 1.5cm 的点，从该点垂直向下 3cm 处作为省尖，在腰围线上做 2cm 的省道。

⑤ 前公主线省道：在原型基础上，从侧缝线朝前片方向在胸围线上取 2.5cm 的点作为省道左端，并做 1cm 的省量；在腰围线上取 3.5cm 的点作为腰省左端，并做 2cm 的省量，连接各点。

⑥ 下摆：在原型基础上下降 0.7cm，连顺前、后衣片下摆。

⑦ 口袋：从前中心向侧缝方向量取 8.5cm 的点，同时腰围线向下取 5cm 的点作为口袋的左上顶点，长 15cm，起翘 0.7cm。袋盖宽 3cm，中心宽 6cm。

⑧ 前片省道和前片公主线的底端距离口袋袋盖底部均为 1cm，画顺省道。

⑨ 胸围线向下 8cm 作为驳点，驳点垂直向下 5cm 取点，下摆向里 1.5cm 取点，直线连接这两点；在该直线与下摆线之间作角平分线，在角平分线上取距底端 2cm 的点，画顺曲线。

⑩ 挂面宽：在肩线处取 3cm，在下摆处取 9cm。

⑪ 确定钮扣位置。

⑫ 将 BP 点沿胸围线向人中线方向移动 1.5cm，将该点与领口如图 4-3-9 相连为一直线，合并余下胸省的 1/3 转移至领口省，省长取 10cm（可根据驳头大小调节）。

（3）领子（图 4-3-9）

① 翻折线：将原型前领口的 1/3 位置与驳点相连成一条直线，该线就是翻折线。

② 串口线:前肩点沿肩线向内3cm,前中心点向下3cm,连接这两点做串口线。

③ 后领底线:从前侧颈点向上作翻折线的平行线,长度为后领圈长,然后取倒伏量3cm。

④ 翻折量:串口线与翻折线的交点沿串口线向上取2cm的长度。

⑤ 驳头宽:驳头宽取8.5cm,同时做0.3cm的凸势。

⑥ 后领:从倒伏后的绱领线上垂直画线,取后底领宽和后翻领宽,长度分别为2.5cm和3.5cm。

⑦ 前领:在串口线上,从驳头尖点沿着串口线取4.5cm,确定绱领止点。过这个点画直线,取前领宽4cm,向下1cm的位置作为领尖点。

(4) 袖子(图4-3-10)

① 合并衣身袖窿,得到袖窿形状。

② 反向延伸侧缝线,延长G线。

③ 袖山高:过两肩点做水平线,对两水平线之间的长度进行两等分,从等分点向下至袖窿底点进行六等分,并取5/6长度作为袖山高高度。

④ 前、后袖山斜线:前袖山斜线从袖山高点交于袖肥线,长度为前AH;后袖山斜线长度为后AH+1cm。

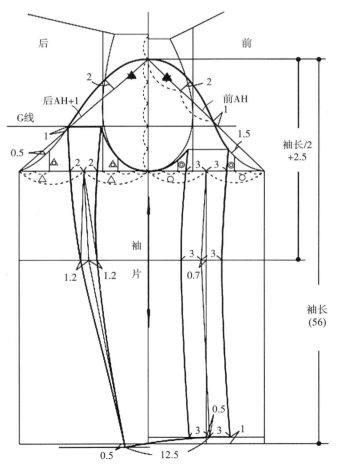

图4-3-10 女套装袖子结构图

⑤ 袖肘线:从袖山高点向下量取袖长/2+2.5 的长度画袖肘线。

⑥ 袖长线:从袖山高点向下量取袖长的长度画袖口线。

⑦ 后袖山斜线与 G 点的交点沿斜线向下 1cm;前袖山斜线与 G 点的交点沿斜线向上 1cm,并把该点与袖山高点之间的距离进行 2 等分,设一半长度为▲,同时从袖山高点沿后袖山斜线向下取▲的长度。

⑧ 在前、后斜线上分别取 2cm、1.5cm、2cm、0.5cm 的点,画顺袖山曲线。

⑨ 把前袖肥 2 等分,并从等分点向下做垂线,在袖肘线上向左偏移 0.7cm,在袖口处向右偏移 0.5cm 且上抬 1cm,在各点上两边各取 3cm,连顺各点。

⑩ 袖口:袖口后侧向下 0.5cm,袖口宽度为 12.5cm。

⑪ 对后袖肥进行平分,以中点连接袖口左端,在袖肘线上以交点为起点向左边各取 1.2cm,在袖肥线上向两边各取 2cm,连顺各点。

(二) 衬衫图片驳样

1. 款式分析

(1) 款式

该款合体女衬衫属经典衬衫款式,适合各个层次的女性穿着(图 4-3-11)。款式特点为收省合体型,前片设袖窿省和腰省,开襟 5 粒扣,后片收腰省,袖口收两个褶裥,装宝剑头袖衩与袖克夫,领口装女式衬衫翻领。

(2) 面料

该款女衬衫面料选用比较广,全棉、亚麻、化纤、混纺等薄型面料均可采用。如纯棉布、老粗布、色织、提花布、牛津布、条格平布、细平布等薄型面料。

用料:面布幅宽 150cm,用量 120cm;黏合衬幅宽 90cm,用量 70cm。

2. 规格设计

该款为合体短款女衬衫,参考第三章第三节服装尺寸及加放量的设计可知,普通女上装后中长占身高 40% 左右,且本衬衫为短款,故以 160/84A 号型为例,后中长设为 160(号)×40%－6cm(短款)＝58cm;一般合体女装胸围放松量 13～18cm,根据款式本衬衫胸围松量设为 16cm,胸腰差设为 14cm。一般合体上衣臀围松量 4～12cm,由款式图可知臀围松量较大,故将臀围增加 10cm 松量。袖长一般由全臂长加 2～4cm,或者通过身高的 30%＋(5～8cm)计算得到,根据该衬衫特征,将袖长设为 56cm。该衬衫成品规格见表 4-3-3。

图 4-3-11　衬衫款式图

表 4-3-3　女衬衫上衣成品规格　　　　　　　　　单位:cm

号型	部位	后中长(L)	胸围(B)	腰围(W)	臀围(H)	袖长(SL)	袖口宽(SK)
160/84A	净体	38(背长)	84	68	90	53(臂长)	/
	加放	20	16	18	10	3	/
	规格	58	100	86	100	56	13

3. 省量分析

在原型的基础上,前、后片各向侧缝方向扩大 1cm,则在规格设计中,胸围量刚好符合,而腰围线上则需要有 14cm 的收腰量,则在半身胸围线、腰围线省量分别为 0cm、7cm,则有如表 4-3-4 的省量分配。

表 4-3-4　女衬衫上衣省量分配　　　　　　　　　单位:cm

部位	后腰省	后片侧缝	前片侧缝	前省道
胸围线	0	0	0	0
腰围线	3	1	1	2

4. 结构制图

(1) 衣身后片(图 4-3-12)

① 后肩省:合并 2/3 后肩省量,剪开袖窿,分散合并的省量,修正肩线和袖窿线。

② 后领口:领口部位在原型基础上不作改变。

③ 在原型的基础上,后中线垂直向下延长 20cm,取 18cm 腰长,水平向右画出臀围线和下摆线。

④ 胸围松量:在原型的基础上,后片胸围线向侧缝方向扩大 1cm。

⑤ 袖窿深线:在原型基础上,袖窿底点下降 1cm。

⑥ 后袖窿:后背宽在原型基础上不作改变,同时通过肩点和袖窿底点,画顺后袖窿。

⑦ 腰围松量:在腰线位置上,由侧缝线向后中方向收进 1cm 的量,以达到收腰效果。

⑧ 后片下摆:对下摆进行四等分,在靠近侧缝线处以 1/4 长度取点,并以该点开始起翘使下摆线与侧缝线相交成直角。

⑨ 后腰省道:在胸围线上对背宽线进行 2 等分,从等分点向侧缝方向偏移 2cm 取点,并经过该点向下作垂线交于下摆线;在腰围线上作 3cm 的省量,画顺后腰省道。

(2) 衣身前片(图 4-3-12)

① 袖窿省:在原型基础上合并 1/2 袖窿省,画顺袖窿。

② 前肩线:前肩线取原型肩线长度,后肩线长于前肩线的部分用作后肩的吃势,从而使得后肩部造型更加符合人体造型。

③ 前领口:前领底口在原型基础上向下移动 1cm,画顺领口。

④ 叠门量:在前中作 1.5cm 的叠门量,画出叠门线交于底摆。

⑤ 胸、腰围松量:在原型基础上,胸围线由前中线向侧缝方向放出 1cm,前片的袖窿底点垂直向下偏移 1cm;在腰线位置上,由侧缝线向前中方向收进 1cm 的量,以达到收腰效果。

⑥ 前片下摆:在前片的侧缝线上,取与后片相同的起翘量,同时画顺前片下摆,并使底摆线与侧缝线成直角。

⑦ 袖窿省转移:从 BP 点出发,沿着胸围线向侧缝线方向取距离 BP 点 4cm 的点,并以该点为省尖,做袖窿省;在侧缝向上,由上向下取 3cm 的点,过该点连接袖窿省省尖,同时在距离

袖窿省省尖 4cm 的位置取点,并以此点作为侧缝省省尖,剪开,进行省道转移。

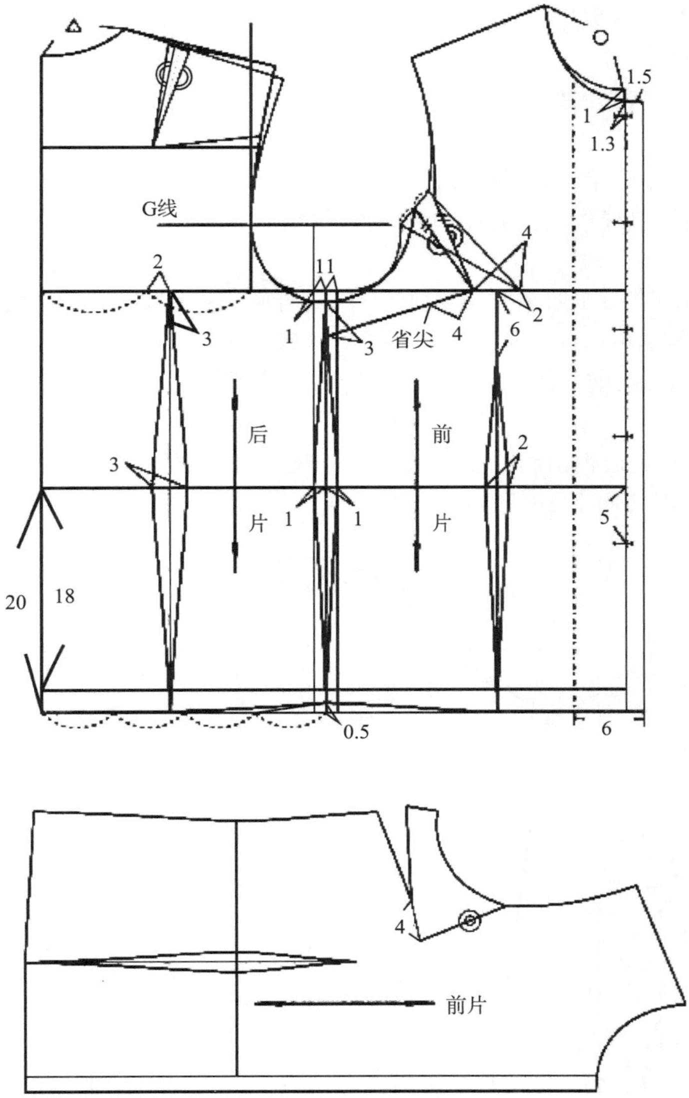

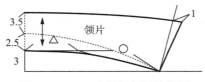

图 4 - 3 - 12　女衬衫衣身结构图

⑧ 腰省:从 BP 点出发,沿着胸围线向左 2cm 取点,并以此点垂直向下作垂线交于下摆;在该垂线上,距离胸围线 6cm 的位置取点作为省尖点;前腰取 2cm 的省量。

⑨ 挂面:在下摆处由前止口向左取 6cm,垂直向上做挂面线。

⑩ 钮扣:领口沿着前中线向下 1.3cm 取点,腰围线向下 5cm 取点,对该两点间的线段进行 4 等分,即是钮扣位。

(3) 领(图 4 - 3 - 13)

图 4 - 3 - 13　女衬衫领子结构图

① 基础直角线:画基础直角线,沿垂直线向上 3cm 处画水平线,并在该水平线上量出后领口弧线长度作为领侧点(SNP),再由该点出发向右取前领口尺寸的长度并与基础直线的水平线相交,画顺领底线。

② 后领底宽、后领宽:由后领底点垂直向上取 2.5cm 作为后领底宽,再向上取 3.5cm 作为后领宽。

③ 翻领线:参照绱领线画顺翻领线。

④ 前领宽、领外口线可根据流行和喜好而设计。

(4)袖子(图 4 - 3 - 14)

① 袖山高:袖山高值按照公式 AH/4+2.5cm 计算,这是衬衫类袖子常见的计算公式,如果是宽松型的袖子,则可以通过降低袖山高的方法来实现。

② 前、后袖山斜线:前袖山斜线从袖山高点交于袖肥线,长度为前 AH;后袖山斜线长度为后 AH+1cm。

③ G 线分别与前、后袖山斜线相交,其中与前袖山斜线的交点沿斜线向上 1cm 取点,与后袖山斜线的交点沿斜线向下 1cm 取点。

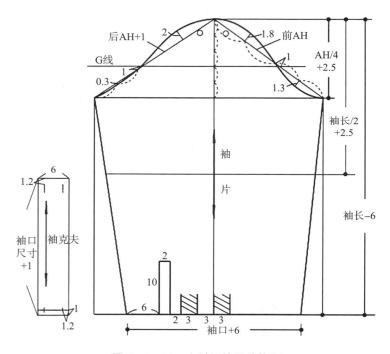

图 4 - 3 - 14 女衬衫袖子结构图

④ 袖山弧线:在前袖山斜线上,对袖山高点与 G 线交点上抬 1cm 处这两点之间的长度进行 2 等分,取得一段长度为"○",并由等分点垂直向上取 1.8cm;从袖山高点沿后袖山斜线量取"○"的长度,并垂直上抬 2cm;在前、后袖山斜线与 G 线的交点以下,分别在约二等分点处垂直下降 1.3cm 和 0.3cm;根据这些点画顺袖山曲线。

⑤ 袖长、袖口:袖子长度取 56cm,减去 6cm 的袖克夫宽后为 50cm。

⑥ 以袖山高线的反向延长线与袖口线的交点为中点,向两边各取袖口/2+3cm(褶量),如图画出褶的位置。

⑦ 开衩：由袖口线左端水平向右 6cm 处取点，做开衩，高 10cm，宽 2cm。

⑧ 袖克夫：袖克夫长度取袖口宽＋1cm（叠门），宽度为 6cm。

⑨ 如图确定钮扣位置。

（三）大衣图片驳样

1. 款式分析

（1）款式

这是一款宽松直身式大衣，连身帽，三开身结构，前后衣身纵向分割线，前片设腋下省，左右斜插袋。为不受流行约束的经典款，可遮盖体型的不足，强调外观平整的造型，因此深受女士欢迎（图4 - 3 - 15）。

（2）面料

面料常以羊毛羊绒等蓬松、柔软且保暖性较强的天然纤维为原料，如凡立丁、薄花呢、华达呢、法兰绒、麦尔登呢等。

用料：面布幅宽 160cm，用量 220cm；里料幅宽 150cm，用量 200cm；黏合衬幅宽 90cm，用量 150cm。

2. 规格设计

该款为宽松直身式中长大衣，参考第三章第三节表 3 - 3 - 1 衣长与身高的关系可知，中长大衣后中长占身高 60% 左右，结合款式图，以 160/84A 号型为例，后中长设为 98cm。一般较宽松型上衣胸围放量取 19～26cm，结合款式特征胸围松量取 22cm。由于该大衣为直身式，故不必考虑腰围及臀围。袖长一般由全臂长加 2～4cm，或者通过身高的 30%＋(5～8cm)计算得到，结合款式将该大衣的袖长设为 57cm。该款大衣成品规格见表4 - 3 - 5。

图 4 - 3 - 15　女大衣款式图

表 4 - 3 - 5　女大衣成品规格　　　　　　　　　　单位：cm

号型	部位	后中长(L)	胸围(B)	袖长(SL)	袖口宽(SK)
160/84A	净体	38(背长)	84	53(臂长)	/
	加放	60	22	4	/
	规格	98	106	57	13

3. 结构制图

（1）衣身后片（图4 - 3 - 16）

① 后肩线：在原型基础上，合并后肩省的1/2，剪开袖窿，分散合并的省量，修正肩线。

② 后领：后横开领在原型的基础上开大 1.5cm，后直开领开深 0.5cm，画顺领口弧线。

③ 后肩线：后肩点向上垂直上抬 0.5cm，连接后侧颈点，肩线长度取肩点未上抬时的长度。

④ 后袖窿弧线：G 线与后袖窿弧线的交点沿着 G 线向右偏移 1cm 的量；袖窿底点在原型的基础上垂直下降 1cm；同时在前、后两片之间取 5cm 的线段，由左向右取该线段的 2/3 长度作为新的袖窿底点；由肩点、偏移之后的点以及袖窿底点确定并画顺袖窿弧线。

⑤ 后片分割线：在胸围线上，由原型的侧缝线向后中方向 3cm 处取点，过该点做胸围线的垂线，与后袖窿弧线和下摆相交；同时在底摆线上，以垂线相交点为中心，分别在两边 3cm 处取点，并直线连接垂线与后袖窿弧线的交点，作为后片分片；下摆线与分割线相交成直角。

（2）衣身前片（图 4-3-16）

① 前领：在原型基础上，前领口开大 1.5cm，前领底点下降 3cm，通过该两点画顺领口线。

② 前肩线：前肩点在原型基础上垂直上抬 0.5cm，同时前肩线长比后肩线长度小 0.9cm，画顺前肩线。

③ 叠门量：由前中线水平向右取 0.7cm 作为面料厚度，再取 3cm 的量作为叠门的宽度。

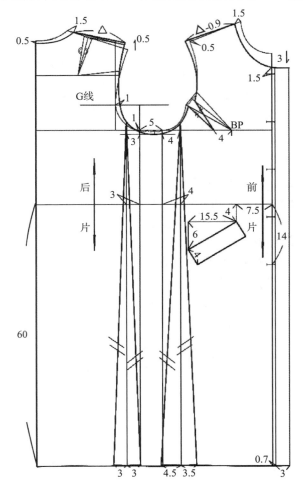

图 4-3-16　女大衣衣身结构图

④ 袖窿省：取 1/2 的胸省作为袖窿省量，BP 点沿着胸围线向左 4cm 取点，并以该点作为新的袖窿省尖。余下 1/2 胸省作为袖窿宽裕量，画顺前袖窿弧线和袖窿省。

⑤ 分割线：在胸围线上，由侧缝线向前中方向 4cm 取点，过该点作胸围线的垂线，与前袖窿弧线和前片下摆线相交；以垂线与下摆线的交点为中点，水平向左、右分别取 4.5cm 和 3.5cm 的线段取点，并直线连接垂线与前袖窿弧线的交点，作为前片分片；下摆线与分割线相交成直角。

⑥ 确定钮扣位置。第一颗钮扣位置垂直距离前领点 1.5cm，最后一颗钮扣位置为腰围线以下 14cm 处，再对该两点之间的长度进行 4 等分，得到其他钮扣的位置。

⑦ 口袋位置如图 4-3-16 所示。

（3）帽子（图 4-3-17）

① 复制前领口线作为帽子结构制图的基础线。

② 帽子侧颈点：从前衣片侧颈点下降 1.5cm 并过该点做水平线；从前领口弧线的 1/2 处向水平线画弧线，使弧线与水平线相切，并使得该弧线与前领口弧线长度相等；此时切点便是帽子结构中的侧颈点。

③ 帽子高、宽：过帽子侧颈点水平向左取后领圈的长度，再水平向左 2~3cm 取点，此点即为帽宽点；过该点向上做垂线，垂线长度取 38cm，即为帽高点；画顺帽子后侧弧线，如图所示。

④ 反向延长衣片前中线与帽子上平线相交，距离该交点 5cm 处取点，过此点直线连接前颈点；帽子前端在前中线延长线上下降 1cm，画顺帽子。

（4）袖子（图 4-3-17）

① 合并前、后衣片的袖窿，作为袖子结构制图的基础线。

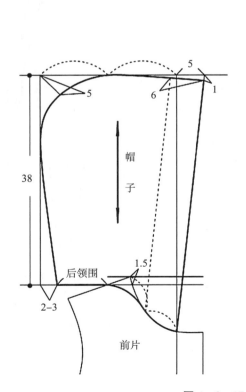
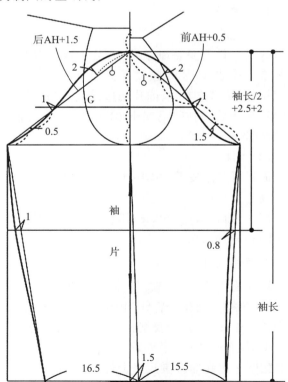

图 4-3-17　女大衣帽子和袖子结构图

② 袖山高:过两肩点做水平线,对两水平线之间的长度进行两等分,从等分点向下至袖窿底点进行六等分,并取 5/6 长度作为袖山高高度。

③ 前、后袖山斜线:前袖山斜线从袖山高点交于袖肥线,长度为前 AH+0.5cm;后袖山斜线长度为后 AH+1.5cm。

④ 袖山曲线:G 线分别与前、后袖山斜线相交,其中与前袖山斜线的交点沿斜线向上 1cm 取点,与后袖山斜线的交点沿斜线向下 1cm 取点。在前袖山斜线上,对袖山高点与 G 线交点上抬 1cm 处这两点之间的长度进行 2 等分,取得一段长度为"○",并由等分点垂直向上取 2cm;从袖山高点沿后袖山斜线量取"○"的长度,并垂直上抬 2cm;在前、后袖山斜线与 G 线的交点以下,分别在约二等分点处垂直下降 1.5cm 和 0.5cm;根据这些点画顺袖山曲线。

⑤ 袖长:从袖山顶点垂直向下取袖长为 57cm。

⑥ 袖肘线:从袖山顶点沿袖山高线垂直向下取长度为袖长/2+2.5cm+2cm,并过该点作水平线为袖子的袖肘线。

⑦ 袖中线:袖中线在手腕处向前偏移 1.5cm 取点,并从此点水平向右取 15.5cm,水平向左取 16.5cm。

⑧ 如图 4-3-17 所示画顺袖子结构线。

(四) 背心图片驳样

1. 款式分析

(1) 款式

这是一件修身基础款背心,公主线收腰强调表现人体曲线,使收腰效果更加自然。此款为双排扣、V 型连衣领、前片两边贴袋。马甲通常穿着在 T 恤、衬衫、毛衣外,给人以时尚、干练之感(图 4-3-18)。

(2) 面料

面料可选用皮革、羊毛、棉、麻以及合成纤维织物等。

用料:面布幅宽 160cm,用量 70cm;里料幅宽 100cm,用量 70cm。

2. 规格设计

该款式为修身、短款、无袖背心,根据款式图,衣长下摆大致位于臀线和腰线中间位置,故后中长取 48cm;一般修身型服装胸围放松量为 6～12cm,结合款式胸围松量取 10cm 左右;紧身型服装腰围一般在净腰围规格上加放 4～8cm,根据款式效果图,腰围松量取 8cm。该背心下摆未

图 4-3-18 女背心款式图

到臀围线,但便于结构制图,仍需要臀围尺寸,臀围的放松量为 3cm 左右,故将臀围尺寸设为 94cm 左右。该款背心成品规格见表 4-3-6。

表 4-3-6　女背心成品规格　　　　　　　　　　　　　　　单位:cm

号型	部位	后中长(L)	胸围(B)	腰围(W)	臀围(H)
160/84A	净体	38(背长)	84	68	90
	加放	10	10	8	3
	规格	48	94	76	93

3. 省量分配(表 4-3-7)

表 4-3-7　女背心省量分配　　　　　　　　　　　　　　　单位:cm

部位	后中	后腰省	后腰侧缝处	前腰侧缝处	前腰省
胸围线	0	0	0.5	0.5	0
腰围线	2	2.5	1.5	1.5	1.5
臀围线	1.5	0	0	0	0

4. 结构制图

(1) 衣身后片(图 4-3-19)

① 原型基础线:画出原型,延长各条线,画出臀围线和下摆线作为辅助线。

② 后领:在原型的基础上,后横开领开大 0.5cm,后直开领保持不变,过开大之后的点画顺领圈。

③ 后肩:从后侧颈点处沿着肩线取 9cm 的长度,此长度即为该款背心的后肩长度。

④ 后袖窿弧线:在胸围线上,由侧缝向后中方向水平缩进 0.5cm;同时该点垂直下降 2cm,作为新的袖窿底点;经过袖窿底点和肩点,画顺袖窿弧线。

⑤ 在腰围线上,后中水平收进 2cm;在臀围线上,后中水平收进 1.5cm;画顺后中线与侧缝线,同时使底摆线与侧缝线相交成直角。

⑥ 省道:在腰围线上由后中向侧缝线方向量取 10cm 的长度取点,该点作为腰省的左端点;取省量为 2.5cm,过省道中点垂直向上垂线,在该垂线上距离腰线 12cm 处取点作为省尖点;过省道左、右两端点作直线与臀围线相交,作出省道。

(2) 衣身前片(图 4-4-19)

① 叠门:考虑到面料的厚度,由前中线水平向右 0.7cm 作前中线的水平线,叠门量取 5cm。

② 前领:在原型的基础上,前领开大 0.5cm;叠门线与胸围线的交点垂直下降 3cm 并以该点作为新的前领点;直线连接前领点和前侧颈点,在直线中点处向里凹进 0.8cm,画顺前领口线。

③ 前肩:前肩线长度为后肩线长度—0.5cm,画出肩线。

④ 前袖窿弧线:在胸围线上,由侧缝向前中方向水平缩进 0.5cm;同时该点垂直下降 2cm,作为新的袖窿底点;经过袖窿底点和肩点,画顺袖窿弧线。

⑤ 在腰围线上,由侧缝向前中方向缩进 1.5cm,画出侧缝线。

⑥ 省道:取袖窿省省量为 1.5cm,BP 点水平向左偏移 2cm,画出省道;过省尖点向下 3cm 处做垂线交于臀围线,在腰围线上取腰省量为 1.5cm,画出腰省。

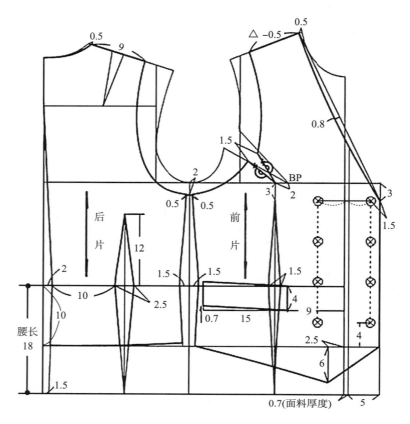

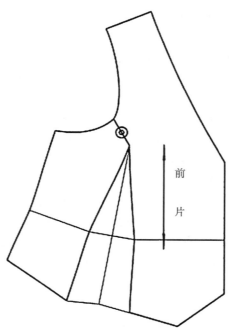

图 4 - 3 - 19　女背心衣身结构图

⑦ 底摆：前片底摆线起翘量与后片相同，保证前、后片的侧缝线长度相同，画顺底摆线。

⑧ 在臀围线上，从前中线向侧缝线方向取 2.5cm 取点，并过该点向下做 6cm 长的垂直线段，过此点画顺前片底摆。

⑨ 袖窿省合并：剪开腰省，合并袖窿省 1.5cm。

⑩ 确定钮扣位置：如图 4-3-19 所示。

(五) 夹克图片驳样

1. 款式分析

(1) 款式

此款是较宽松型立领女夹克。前片左右胸插袋，腰下左右贴袋；开襟 6 粒钮；下摆、袖口松紧抽褶；后片、袖片拼接。是一款方便实用的女式上衣便装，适合休闲时穿着（图 4-3-20）。

(2) 面料

面料可采用毛与化纤混纺、羊毛呢绒面料。

用料：面料幅宽 160cm，用料 130cm；里料幅宽 150cm，用量 120cm；黏合衬幅宽 90cm，用量 55cm。

2. 规格设计

该款式为较宽松、短款、长袖女夹克，以 160/84A 号型为例，设衣摆在腰线下 16cm 左右，即后中长为 54cm。一般较宽松女上衣胸围放松量为 19～26cm，结合款式图设胸围松量为 22cm。下摆造型为松紧抽褶，故将下摆增加 14cm 缩量。袖长一般由全臂长加 2～4cm，或者通过身高的 30% ＋(5～8cm) 计算得到，该夹克袖长较长，故将袖长设为 57cm。该款女夹克成品规格见表 4-3-8。

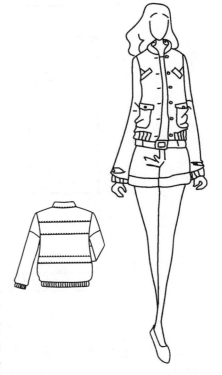

图 4-3-20　女夹克款式图

表 4-3-8　女夹克成品规格

单位：cm

号型	部位	后中长	胸围(B)	肩宽	下摆	袖长	袖口宽	底摆
160/84A	净体	38	84	38	90	53	/	/
	加放	16	22	2	14	4	/	/
	规格	54	106	40	104	57	12(罗口)	76(罗口)

3. 结构制图

(1) 衣身后片（图 4-3-21）

① 后肩：合并 1/3 的肩省量，剪开袖窿，分散合并的省量至后袖窿；肩点垂直上抬 0.5cm，同时肩点与后中水平距离为 1/2 肩宽＋0.5cm 归缩量；画出肩线。

② 后领：后直开领保持不变，后横开领在原型基础上开大 1cm，画顺后领圈。

③ 延长后中线，水平画出下摆线。

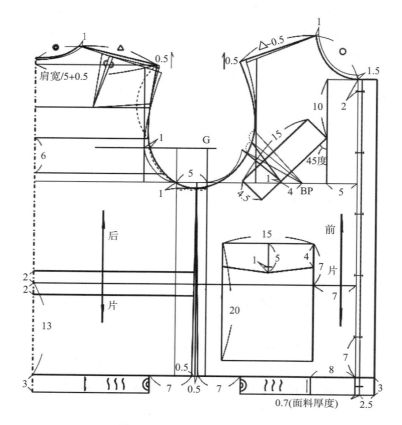

图 4 - 3 - 21   女夹克衣身结构图

④ 袖窿弧线：前、后片之间取 5cm 的量以补足胸围规格；在原型的基础上，袖窿深线垂直下降 1cm，并在由左至右 2/3 长度取点作为新的袖窿底点；同时原型后袖窿弧线与 G 线的交点水平向侧缝方向偏移 1cm，并过该点连接肩点和袖窿底点，画顺袖窿弧线。

⑤ 后片分片：在 1/2 袖窿弧线取点并过该点做水平线交于后中线，垂直向下距离该水平线 6cm 处做其平行线；以腰围线为中心，上下各取 2cm 作为分片宽度。

⑥ 底摆：在底摆线上，由侧缝向后中方向缩进 0.5cm，以符合规格设计，再直线连接该点和袖窿底点。

⑦ 底摆罗口：由侧缝向后中方向收口 7cm，罗口宽度为 3cm。

（2）衣身前片（图 4 - 3 - 21）

① 前领：在原型基础上横开领开大 1cm，直开领开大 1.5cm。

② 前片肩线：前肩点在原型基础上垂直上抬 0.5cm，前肩线比后肩线小 0.5cm，画顺肩线。

③ 袖窿弧线：前、后片之间相距 5cm，并在由右向左 1/3 长度取点作为前片的袖窿底点；连接袖窿底点和肩点，画顺袖窿弧线。

④ 叠门：在前中线右侧，相距 0.7cm 做水平线，0.7cm 量作为厚度考虑；再相距 2.5cm 作水平线作为叠门量。

⑤ 底摆：在下摆线上，由侧缝向前中方向缩进 0.5cm，以符合规格设计，再直线连接该点和袖窿底点。取底摆罗口宽 3cm，下摆处前后各减去 7cm 抽褶量后作为底摆罗口部位尺寸。

⑥ 将1/2袖窿省作为袖窿松量,而将1/2袖窿省省尖向侧缝方向移动4cm,省尖位于袋口上1cm(如图4-3-21)作省道。延长前中线3cm,水平画线,从前中线向侧缝方向取8cm为衣身面料。

⑦ 钮扣:前颈点向下2cm处取点,并以该点作为第一颗钮扣的位置;下摆垂直向上7cm处取点作为最后一颗钮扣的位置;对位于这两颗钮扣之间的线段进行4等分,等分点即为其他钮扣的相应位置。

⑧ 如图4-3-21所示确定口袋位置。

（3）领子(图4-3-22)

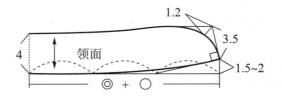

图4-3-22　女夹克领子结构图

① 领宽:画出基础直角线,在竖直线上取4cm作为后领宽。

② 在水平线上从左向右取前后领圈的长度之和,确定一点,即是前中心点,过前中心点垂直向上起翘1.5～2cm;对水平线段进行3等分,由右向左第一个等分点和前中心上抬点直线连接,向上做该直线的垂线,在垂线上取3.5cm的线段作为前领宽,凹势取1.2cm,如图所示画出领面线。

（4）袖子(图4-3-23)

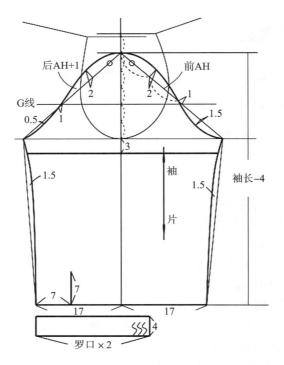

图4-3-23　女夹克袖子结构图

① 袖山高:过两肩点做水平线,对两水平线之间的长度进行两等分,从二等分点向下至袖窿底点进行六等分,并取 5/6 长度作为袖山高高度。

② 前、后袖山斜线:前袖山斜线从袖山高点交于袖肥线,长度为前 AH;后袖山斜线长度为后 AH+1cm。

③ 袖山曲线:G 线其中与前袖山斜线的交点沿斜线向上 1cm 取点,与后袖山斜线的交点沿斜线向下 1cm 取点。在前袖山斜线上,对袖山高点与 G 线交点上抬 1cm 处这两点之间的长度进行 2 等分,取得一段长度为"○",并由等分点垂直向上取 2cm;从袖山高点沿后袖山斜线量取"○"的长度,并垂直上抬 2cm;在前、后袖山斜线与 G 线的交点以下,分别在约二等分点处垂直下降 1.5cm 和 0.5cm;根据这些点画顺袖山曲线。

④ 袖长:考虑袖克夫的宽度,袖片长度取袖长−4cm;从袖山高点向下画出袖中线,水平画出袖底线辅助线。

⑤ 袖底线:由袖中线与袖口辅助线的交点水平向左、右各取 17cm 作为袖口宽;过袖口宽点与袖窿底点直线连接作为袖侧缝线的辅助线,在该辅助线由上至下约 1/3 处向里缩进1.5cm 作辅助点,画顺袖侧缝线。

⑥ 袖衩:在袖口线上,距离左端 7cm 处为袖衩点,长度取 7cm。

⑦ 袖子分割线:在侧缝线上,由袖窿底点向下 3cm 取点,过该点做水平线,即得到分割线。

⑧ 袖克夫:考虑到是罗口设计,长度取罗口宽尺寸×2=24cm,宽 4cm,画出袖克夫。

第四节　裙装图片驳样

一、裙装图片驳样基础

裙装是女性一年四季常见的服装款式。裙装总体可分为半裙装与连衣裙两大类。

(一) 半裙装起源与分类

裙子是包裹女性下半身的服装,它既可以是独立的形式,也可以指衣裙从腰到下摆的部分。

1. 半裙装起源

裙子历史中最古老的当属古埃及时代出现过的用四方布做成筒形裹在腰间的装束。到了 13 世纪,随着立体造型技术的发展,出现了利用省道使腰部合身,在下摆处根据生活需要加入必要运动量的裙子形式。随着历史的发展,裙装逐渐演变成了女性的专利。为了美化女性,裙装进行了跳跃式的发展。16 世纪欧洲出现了裙撑,使裙子的造型膨胀变大,塑造女性细腰丰臀的曲线。在裙子的历史中,被认为最具有豪华与装饰性的是 18 世纪的洛可可时代。从那以后,由于法国革命的爆发,被加以夸张的裙子一时消失,19 世纪末期,又出现了在臀部放入后腰垫的裙子。20 世纪以后,由于第一次世界大战的影响,随着女性加入社会生活,裙子变为便于活动的短裙。第二次世界大战后,裙装开始向多样化发展,超短裙出现并流行。

可见,随着现代生活的多样化以及社会氛围的开放化,裙子的形态和长度出现了各种各样的变化,直至现在,特别是裙长,它是反映流行的晴雨表,如从长裙、短裙到超短裙的变化,令人目不暇接。目前流行的裙装结构相对简单,但造型多样,裙装的穿着方式同样也是多种多样。不同地域、国家、民族,其裙装的风格、造型、着装方式也不尽相同。

2. 半裙装分类

半裙装从外部形态上可分为:直筒裙、喇叭裙、一步裙、半截裙、旗袍裙、裙撑裙、紧身裙、拖地裙等。从腰部形态上可分为:装腰裙、高腰裙、连衣裙、低腰裙等。从长度上分为:超短裙(迷你裙)、短裙、中长裙、拖地长裙,见图4-4-1。另外,还可以从制作方法、着装方式和用途等不同的角度加以分类。

半裙装作为整体服装的一部分,常常与衬衫、外衣、马甲、T恤等配套。半裙装的腰部可采用腰头与裙身缝合,也可以设计为连衣裙、低腰裙和高腰裙。裙装开门方式多样,可以前开、后开、侧开,也可以松紧带式。

基础款半裙装结构制图分类见表4-4-1。

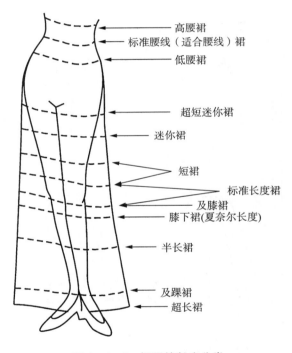

图4-4-1　裙子按长度分类

表4-4-1　基础款裙装结构制图分类

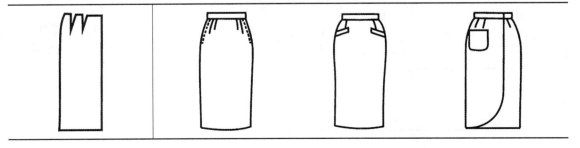

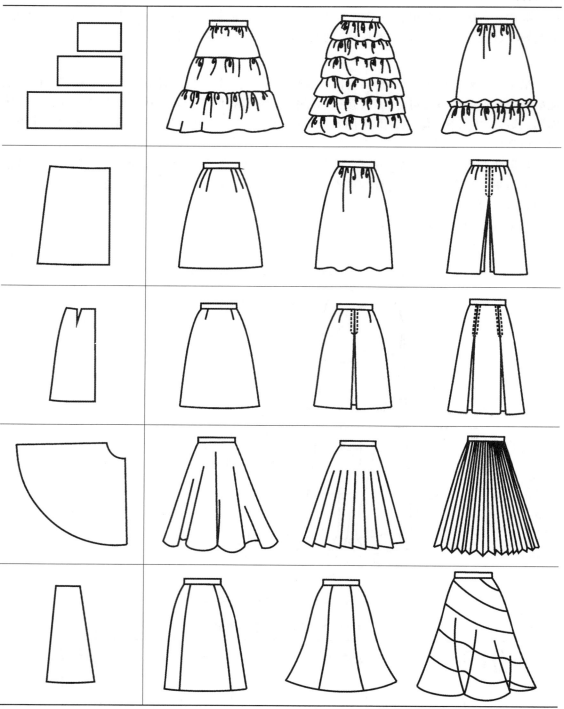

（二）连衣裙起源与分类

连衣裙款式是指含上衣部分的裙装,其结构设计方法多样,但是,一般都需要将上衣与裙身对接设计,常见连衣裙款式见图4-4-2。

图4-4-2　常见连衣裙款式

1. 连衣裙起源

连衣裙的变化过程为:古埃及时期(简单直身型)→文艺复兴时期(收腰、裙撑)→巴洛克时期(高腰线、圆锥形)→洛可可时期(人造撑架、裙后为设计点)→拿破仑时期(高腰线、合体、直线型、泡泡袖、大领口)→王政复古时期(收腰)→第二帝政时期(吊钟状、硬衬、宽底摆、塔袖、小领)→19世纪末(后腰撑)→新艺术时期(钟形、羊腿袖)→1910年左右(裙长离地)→装饰艺术时期(直筒型、裙长变短)→1930年左右(细长裙)→现在的连衣裙越来越丰富,裙长、下摆等各个尺寸随着流行不断地变化,设计感及服装内涵更强。

　　现流行的长裙一般与脚跟齐平,款式变化很大,特别是近十年来,裙装的流行变化特别趋于多样性、个性化,驳样者需要深刻理解设计师的设计意图,善于运用各种方法进行分解,使之满足款式造型的要求。

　　2. 连衣裙分类

　　连衣裙款式种类繁多,有各种不同的分类方法(图4-4-3)。

图4-4-3　连衣裙分类

　　(1) 按连衣裙的外轮廓分类

　　按连衣裙的外轮廓分类,可分为直筒形、合体兼喇叭形、梯形、倒三角形等。在这些廓型的基础上通过改变分割线或细节部位,可以呈现不同的设计效果。通常分割线为水平方向或纵向的,也有斜向的不对称分割。

　　① 直筒形连衣裙。外形较为宽松,不强调人体曲线,在下摆处略微收紧,呈直线外轮廓造型,也可称为箱型轮廓。

　　② 合体兼喇叭形连衣裙。上身贴合人体,腰线以下呈喇叭状,是连衣裙基本的款式。

　　③ 梯形连衣裙。肩宽较窄,从胸部到底摆自然加入喇叭量,连衣裙底摆较大,整体呈梯形。

　　④ 倒三角连衣裙。上半身的肩部较宽,在底摆的方向衣身逐渐变窄,整体呈倒立的三角形。适合于肩宽较宽、臀部较窄的人。

（2）按连衣裙的分割线分类

连衣裙分割线分为两种,一种是按连衣裙水平方向的分割线进行划分,一种是按纵向分割进行划分:

① 按连衣裙水平方向的分割线进行划分。连衣裙中水平方向的分割线属于接腰型连衣裙,其中包括标准型、低腰型、高腰型,见图4-4-3。

② 按连衣裙的纵向分割线进行划分。连衣裙中纵向分割线的连衣裙属于连腰型连衣裙,其中包括贴身型、带公主线型、帐篷型。

（a）贴身型连衣裙。比起直筒型要紧身、合体的连衣裙。上部要以感觉出胸高为佳,从腰到臀部要自然合体,裙子的侧缝线是自然下落的曲线形。

（b）公主线型连衣裙。公主线指从肩至底摆且通过胸高点的纵向分割线。造型优雅,适合任何体型。

（c）帐篷型连衣裙。指直接从上部就开始宽松、扩展的形状,也有从胸部以下向下摆扩展的形状。

二、裙装图片驳样案例分析

（一）半身裙图片驳样

1. 款式分析

（1）款式

半紧身裙从腰部到中臀围附近比较贴体,裙摆顺势稍大,造型呈A字型,也称A字裙。裙长一般在膝盖上下。本款半紧身裙装腰头及前、后裙片左右各设有腰省。此款为经典款裙装,穿着场合比较广泛(图4-4-4)。

（2）面料

半紧身裙根据裙子造型,一般适合选用有一定厚度和挺括度的面料,可选用棉、麻、呢绒以及化纤面料。比如棉卡其、华达呢、凡立丁、麦尔登等。

用料:面布幅宽150cm,用量70cm。

2. 规格设计

该款式为合体半身裙。以160/84A号型为例,裙长取56cm、腰长为18cm。参考第三章第三节表3-3-4,裙子腰围放松量一般为2～3cm,臀围放松量为5～10cm,本款是半紧身裙,故取腰围放松量为2cm,臀围放松量为6cm。该款半身裙成品规格见表4-4-2。

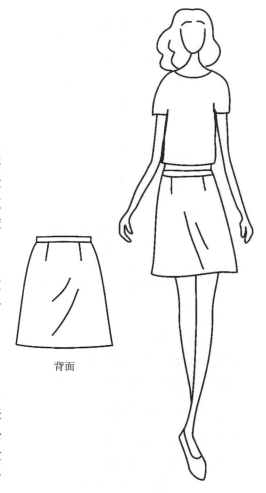

背面

图4-4-4　半身裙款式图

表 4-4-2　半身裙成品规格　　　　　　　　　　　　单位:cm

号型	部位	裙长(L)	腰长	腰围(W)	臀围(H)	腰头宽(SL)
	净体	/	/	68	90	/
160/68A	加放	/	/	2	6	/
	规格	56	18	70	96	4

3. 结构制图

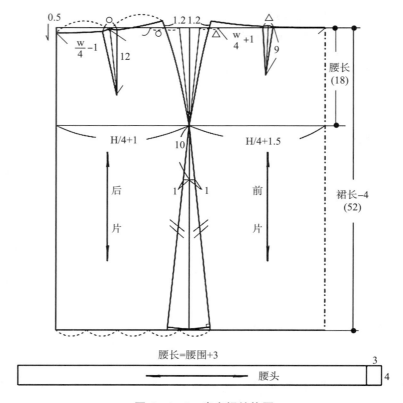

图 4-4-5　半身裙结构图

（1）裙后片(图 4-4-5)

① 基础线:垂直画出裙子后片的后中线,从该后中线出发,水平画出腰围线(即上平线)、臀围线和下摆线(即下平线),其中臀围线距离腰围线 18cm。

② 臀围线:根据规格设计取后臀围大为 $\frac{H}{4}-1$(前后差)＝23cm。从后中线出发沿着臀围线向右 23.5cm 处取点,过该点做垂线交于腰围线和下摆线。

③ 侧缝线辅助线:从右端垂线和臀围线的交点垂直向下 10cm 处取点,同时过该点向右平移 1cm 取点;过该点直线连接臀围右端点,延长该直线与腰围线和下摆线相交。

④ 下摆线:将下摆线辅助线 5 等分,取由右向左第一个等分点向侧缝作垂线,其交点为下摆弧线的起翘点,画顺下摆弧线。

⑤ 腰省:从后中线出发沿着腰围线向右 $\frac{W}{4}-1$(前后差)=16.5cm 取点,将该点水平至侧缝辅助线处这段长度进行 2 等分,取一份即为裙后片的省道;在后中线上下降 0.5cm,腰线长为 16.5cm+腰省量,省长取 12cm,同时侧缝线起翘 1.2cm,画顺腰线和侧缝线并使两线相交成直角。

(2)裙前片(图 4-4-5)

① 基础线:水平延长后片的腰围线、臀围线和下摆线,同时做出前中线;前片为连裁。

② 臀围线:根据规格设计,取前臀围大为 $\frac{H}{4}+1$(前后差)=25cm。从后中线出发沿着臀围线向右 25cm 处取点,过该点作线交于腰围线和下摆线。

③ 侧缝线辅助线:如后片所示,从左端垂线和臀围线的交点垂直向下 10cm 处取点,同时过该点向左平移 1cm 取点;过该点直线连接臀围右端点,延长该直线与腰围线和下摆线相交。

④ 下摆线:裙前片的下摆起翘量与后片相同,画顺下摆线。

⑤ 腰省:从前中线出发沿着腰围线向左 $\frac{W}{4}+1$(前后差)=18.5cm 取点,将该点水平至侧缝线辅助线处这段长度进行 2 等分,取一份即为裙前片的省道;腰围线长为 18.5cm+腰省量,省长取 9cm,同时侧缝线起翘 1.2cm,画顺腰线和侧缝线并使两线相交成直角。

⑥ 腰头:腰头长取腰围规格+3cm(叠门),即长 38cm,宽 4cm。

(二)连衣裙图片驳样

1. 款式分析

(1)款式

这是一款衣身在腰节拼缝而成的无袖接腰型连衣裙。上身造型修身,下摆较宽松。前衣身左右各有一个腋下省,一个腰省,后衣身左右各有一个腰省,如图 4-4-6。

(2)面料

夏季可选用薄型棉布、丝绸、化纤面料,春季选用薄型毛料。

用料:面布幅宽 120cm,用量 160cm。

2. 规格设计

该款式为长款、修身、无袖连衣裙。长款连衣裙后中长一般为身高的 65% 左右,以 160/84A 号型为例,裙长取 105cm;修身型上衣胸围松量一般为 6~12cm,结合款式胸围松量取 6cm;贴身连衣裙或旗袍等服装的腰围需按净腰围规格加放 4~8cm,结合款式造型,该连衣裙腰围放松量取 6cm;臀围放松量取 6cm。该款连衣裙成品规格见表 4-4-3。

背面

图 4-4-6　连衣裙款式图

表 4-4-3　连衣裙成品规格　　　　　　　　　　　　单位:cm

号型	部位	后中长(L)	胸围(B)	腰围(W)	臀围(H)
160/84A	净体	56	84	68	90
	加放	49	6	6	6
	规格	105	90	74	96

3. 省量分析

连衣裙省量分配见表 4-4-4。

表 4-4-4　连衣裙省量分配　　　　　　　　　　　　单位:cm

部位	后侧缝	前侧缝	前省道	后省道
胸围线	1.5	1	0	0
腰围线	2.5	2.5	3	3

4. 结构制图

(1) 衣身后片(图 4-4-7)

① 在原型的基础上,垂直延长各条线,画出臀围线和下摆线作为辅助线。

② 后领:在原型的基础上,后横开领开大 0.5cm,后直开领保持不变,画顺后领。

③ 后肩:肩省量的 2/3 合并,剪开袖窿,分散合并的省量,修正肩线和袖窿线。

④ 后袖窿弧线:在原型的基础上,后袖窿底点沿着胸围线水平向左偏移 1.5cm,再垂直向上移 1.5cm,确定新的后袖窿底点;过袖窿底点和肩点画顺后袖窿弧线。

⑤ 沿着胸围线,在侧缝线处缩进 2.5cm 以符合腰围的规格设计;臀围线在原型基础上保持不变;过各点画顺线条。

⑥ 下摆:下摆线在原型侧缝线的基础上向右侧开大 7cm;在侧缝线处起翘 1.5cm,连接侧缝线和下摆线,并使两线相交成直角。

⑦ 省道:在原型的基础上,腰围线垂直向上抬高 4cm 以符合造型设计,取新的腰围线的中点作为后腰省道的左端,取省量为 3cm,过省道的中点作腰围线的垂线分别交于胸围线和下摆线;在该垂线上,从胸围线向下 2cm 处作为省尖,从腰围线向下取点,过该点连接腰省作为辅助省道。

⑧ 沿着新的腰围线剪开,合并腰围线以下省道,作分片。

(2) 衣身前片(图 4-4-7)

① 在原型的基础上,留下 1/3 的袖窿省量作为袖窿松量,2/3 的袖窿省量转移至腋下省。

② 前领:在原型的基础上,前横开领子开大 0.5cm,前直开领保持不变,画顺前领领圈。

③ 前肩:前肩长度比后肩长度小 0.6cm,作为后肩的归缩量。

④ 袖窿弧线:在原型的基础上,前袖窿底点沿着胸围线水平向右偏移 1.5cm,再垂直向上移 1cm,确定新的前袖窿底点;过袖窿底点和肩点画顺后袖窿弧线。

⑤ 在腰围线上,由侧缝向前中方向缩进 2.5cm,臀围线在原型基础上保持不变,画顺侧缝线。

⑥ 下摆:下摆线在原型侧缝线的基础上向右侧开大 7cm 在侧缝线处起翘 1.5cm;连接侧

缝线和下摆线,并使两线相交成直角。

⑦ 省道:从前袖窿底点沿着侧缝线向下 4cm 取点,过该点直线连接 BP 点,在该直线上距离 BP 点 5cm 处取点作为袖窿省转移后的侧缝省的省尖;原型腰围线与侧缝线的交点沿着侧缝线向上 4cm 取点,同时前中线与腰围线的交点沿着前中线向下 2cm 处取点,略带弧线连接该两点;从 BP 点水平向左 2cm 处取点,过该点作胸围线的垂线交于下摆线;在该垂线上,距离胸围线 4cm 处取点作为前腰省的省尖,腰部省量取 3cm,同时腰围线以下 15cm 处取点作为另一个省尖,画顺前腰省道。

⑧ 沿着新的腰围线剪开,合并腰围线以下的省道,作裙片。

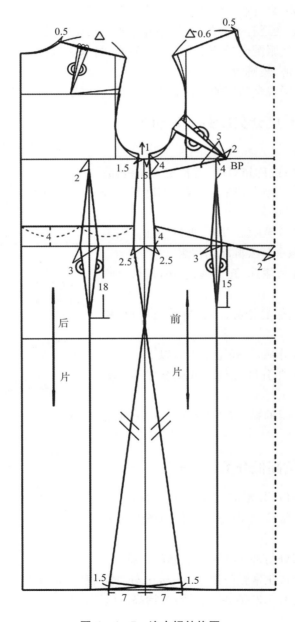

图 4-4-7 连衣裙结构图

第五节　裤装图片驳样

一、裤装图片驳样基础

　　裤子是包裹人体腰腹臀部,臀底分开包裹双腿的下装。其结构易于下肢运动,功能性好。最初是男性的主要下装,具有悠久的历史。而女裤则始于19世纪末20世纪初。

　　裤子名称随时代的变迁有不同的称呼,根据造型、款式、裤长及材料和用途,也有各种各样的名称。如与男西服、礼服配套的正装西裤,与毛衣、衬衣配穿的单品西裤,蓬松原型的灯笼裤、马裤、牛仔裤、宽松裤、短裤等。

　　裤子种类很多,根据观察角度的不同有不同的分类形式,一般由如下几种分类:

（一）按裤子的长度分类(图4-5-1)

　　① 热裤、迷你短裤;或称超短裤,裤长至大腿根部。

　　② 牙买加短裤:裤长至大腿中部,因西印度群岛避暑地牙买加岛而得名。

　　③ 百慕大短裤:裤长至膝盖以上,裤口较细。因美国北卡罗来纳州避暑地百慕大群岛而得名。

　　④ 甲板短裤:或称及膝裤、五分裤、中裤,裤长至膝盖位。

　　⑤ 中长骑车裤:或称七分裤、小腿裤,裤长至小腿肚以上。

　　⑥ 短长裤:或称八分裤,裤长至小腿肚以下。

　　⑦ 卡普里裤:或称九分裤、便裤,裤长至脚踝或脚踝以上。

　　⑧ 长裤:通常配有跟的鞋,裤长至鞋跟的中上部或至地面以上2~3cm处。

（二）按裤子腰位高低分类(见图4-5-2)

　　① 束腰裤:正常腰位,装腰带,是最常见的裤款。

　　② 无腰头裤:正常腰位,装腰贴或腰位包条缝而不装腰带。

　　③ 连腰裤:腰带部分与裤身片相连裁制的裤款。

　　④ 低腰裤:腰位落在正常腰位以下3~5cm处,露肚脐的紧身裤。

　　⑤ 高腰裤:结构类似于连腰裤,只是腰位抬高至胸下部位。

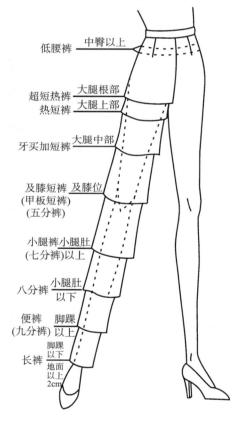

图4-5-1　裤子按长度分类

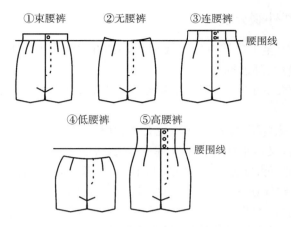

图 4－5－2　裤子按腰位高低分类

（三）按加放的松量分类(图 4－5－3)

① 紧身裤(贴体裤)：臀围松量较少或没有,腰部无褶设省,甚至无省。
② 合体裤(基本裤、西裤)：臀围松量适宜,腰部设 1～2 个省或褶。
③ 较宽松裤：臀围松量较多,前腰部设 1～2 个褶,后腰部设 1～2 个省。
④ 宽松裤：臀围松量多,前腰部设 2 个以上的褶,后腰部设 1～2 个省。

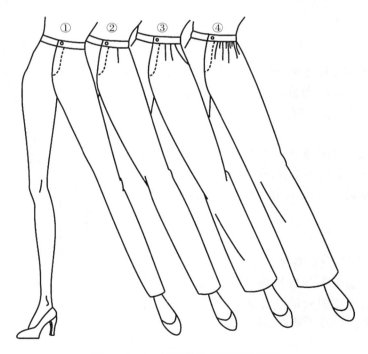

图 4－5－3　裤子按宽松程度分类图

（四）按裤子廓型外观分类

① 直线型：裤管从上至下成笔直的直线形状，根据松量、长度的变化有各种各样的款式。如卷烟裤、直筒裤、宽松裤、翻边裤等。

② 倒梯形裤：呈上大下小状，即臀围松量较多，向裤口逐渐收细的裤型。如锥形裤、陀螺裤等。

③ 帐篷型裤（喇叭裤）：腰、臀和大腿部位合体，从臀围线或膝位线起，向下至裤口逐渐肥大的裤型。如大喇叭裤（又名水兵裤）、吊钟裤、牧童裤等。

④ 小喇叭裤：腰、臀至大腿合体，从膝位处向裤口稍变大，裤腿造型微喇的裤款。

⑤ 贴体裤型：裤子整体松量都较少，造型比较合体的裤款。

此外还可按穿着场合、季节、年龄、职业、材料与用途等因素来分类命名。

要制作出穿着舒适、外形美观的裤型，需要掌握几个要点：第一，要正确配置规格尺寸用于结构设计，在制作成衣时裤子的号型要多；第二，要观察不同的体型特征，用正确的结构设计方法，并能正确理解人体与裤型的关系，特别是人体的腰、臀、腿等，对裤型有着直接影响的部位要进行整体协调设计，结构图中的弧线要画顺，造型要符合人体曲线的要求；第三，特别注意要把裤裆线（浪线）的造型按人体特征画准确。

二、裤装图片驳样案例分析

1. 款式分析

（1）款式

装腰式锥形裤省，其特点是腰部合体、臀部松量一般，前腰左右各设1个省，后片设两腰省，从臀部向裤口逐渐收小变窄，前开门绱装门里襟及拉链（图4-5-4）。

（2）面料

该裤型为春夏季时尚裤型，面料选用有悬垂感的棉麻布、水洗棉、化纤、呢绒、涤纶柔姿纱、乔其纱、双绉等。

用料：面布幅宽160cm，用量110cm；黏合衬幅宽90cm，用量20cm。

2. 规格设计

该款式为合体锥形裤，裤腰下方为了不出现褶皱，使腰腹平整，合体裤腰围通常不加放松量，或者只加0～2cm松量，结合本款式特征，将腰围松量设为0cm，臀围放松量取6cm。裤长取96cm。该款女裤成品规格见表4-5-1。

图4-5-4 裤子款式图

表 4-5-1 女裤成品规格
单位:cm

号型	部位	裤长(L)	上裆	裤口宽	腰围(W)	臀围(H)	腰头宽(SL)	脚口宽
	净体	96	/	/	66	90	/	18
160/66A	加放	0	/	/	0	6	/	0
	规格	96	25	18	66	96	3	18

3. 结构制图

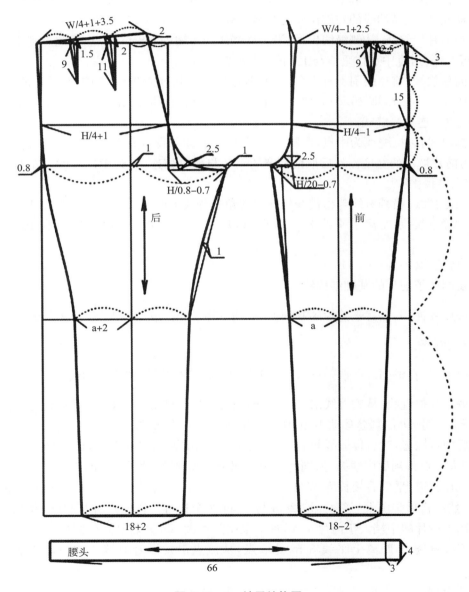

图 4-5-5 裤子结构图

(1) 裤前片(图 4-5-5)

① 外侧缝线:裤前片侧缝线的长度为裤长尺寸减去腰头宽尺寸,即为 93cm,在该侧缝线两端分别画出上、下平线。

② 横裆线:由规格设计可知上裆尺寸为 25cm,距离上平线 25cm,作水平线,即横裆线。

③ 臀围线:将上平线和横裆线之间的垂直长度 3 等分,过由下至上第一个等分点做水平线即为臀围线。由侧缝线出发,沿着臀围线取臀围大$\frac{H}{4}-1$(前后差)$=23cm$,过该点做垂线与上平线和横裆线相交。

④ 中裆线:做臀围线和下平线之间长度的中点,过此点作水平线,即为中裆线。

⑤ 横裆宽:从横裆线的左端出发延长横裆线,取小裆宽 $H/20-0.7=4.1cm$。

⑥ 裤前片挺缝线:从侧缝线出发,沿着横裆线向左缩进 0.8cm 取点,对此点到横裆宽点的长度进行 2 等分,过中点作垂线与上、下平线相交。

⑦ 前片腰线:前片腰围上有 1 个省,大小为 2.5cm,长度为 9cm,考虑前、后片的前后差,前片腰围为 $W/4-1cm$,即 15.5cm,加上省量为 18cm,从前中取 1 cm 劈势后量取 18cm。取点,并用圆顺线条连接侧缝线。

⑧ 裤口线:以挺缝线为中点,取脚口前后差 2cm,即前脚口大为 $18-2=16cm$ 向两边各取 8cm 作为前片裤口的宽度。然后取前裆宽的 1/2 与裤口相连,得到中裆尺寸。左右对称画出侧缝线与下裆缝线。

⑨ 前上裆线:横裆宽线与横裆线的夹角的角平分线上取 2.5cm,如图画顺前上裆线。

⑩ 侧缝直袋位:距离上平线 3cm 处取点,从该点出发沿着侧缝线向下取 15cm 为袋口尺寸。

(2) 裤后片(图 4-5-5)

① 复制裤子前片的基础结构线。

② 裤后片横裆:在裤子前片的基础上,横裆下降 1cm。取后裆大$\frac{H}{8}-0.7=11.3cm$ 作与臀围线垂直的线条。

③ 臀围线:在臀围线上取$\frac{H}{4}+1$(前后差)$=25cm$,作与臀围线垂直的线条。

④ 裤后片挺缝线:从侧缝线出发,沿着横裆线向左缩进 0.8cm 取点,对此点的横裆宽点的长度进行 2 等分,再往侧缝移动 1cm,作与臀围线垂直的线条,即为后挺缝线。

⑤ 后中线撒势:对后挺缝线与后中线辅助线之间的腰围线长度进行 2 等分,由中点连接后缝臀围大交点得到后中线撒势,同时后中线起翘 2cm,画顺裤子后片的裆缝线。

⑥ 后片省道:量取后腰长为 $W/4+1cm$(前后差)$+3.5$(省量)$=21cm$,用圆顺的线条连接侧缝线。然后将后腰围大三等分,取 2cm 与 1.5cm2 个省道。省长分别为 11cm 和 9cm。

⑦ 裤子后片的中裆大于前片 4cm,裤口也比前片大 4cm,画顺内、外侧缝线。

⑧ 侧缝直袋位:距离上平线 3cm 处取点,从该点出发沿着侧缝线向下取 15cm 为袋口尺寸。

⑨ 腰头:腰头长为腰围规格尺寸$+3cm$,即 69cm,宽度为 3cm。

复习思考题

1.查阅资料,收集各种典型领子的不同结构设计方法,设计 5 款领型,并完成其结构设计。

2.查阅资料,分别设计 3~5 款装袖、插肩袖的变化款,并完成 1∶1 的驳样结构制图。

3.对本章连衣裙时尚款有选择性地进行驳样制图,并完成 1∶1 的驳样结构制图。

4.市场调研,收集时尚流行裤款 30 个,进行分类整理,并分析板型特点。然后选择 3 款不同类型裤款,进行 1∶1 图片驳样。

第五章　成品驳样技术与技巧

本章提要

　　服装成品驳样是指在没有原纸样的情况下,将服装成品的原始结构制图再次呈现。依照驳样制作所得的结构制图,缝制成服装成品以后,其外观形态、衣缝结构、部件设置和成品规格等都要达到与客户的来样要求相似甚至一致。本章主要学习服装成品驳样,包括服装款式特征分析、主要测量部位及方法、驳样制图过程。由于服装实物尺寸测量等驳样基础是服装成品驳样的第一步,也是至关重要的一步,如若尺寸测量不准确或方法不对,必然影响成品"复制"效果。因此在驳样制图前,本章首先将学习成品驳样基础知识,为后续的驳样操作奠定基础。

学习重点

　　1. 成品驳样制作与一般的服装结构设计的不同之处
　　2. 成品驳样的制约因素
　　3. 成品驳样的测量要求与方法
　　4. 成品驳样操作要求

第一节　服装成品驳样基础

　　服装驳样制作是现代服装工业生产的重要组成部分。驳样方法准确与否将直接影响成品的外观形象、规格和内在质量。因此,在操作时务必做到严密、准确、规范。

一、成品驳样的制约因素

　　为保证成品驳样的准确性,操作时,务必严格按照样衣制板,无须创作思维。其主要受到尺码、款式等方面因素制约。

　　1. 尺码因素

　　服装驳样就是指对成衣的克隆,即是在样衣的基础上经过分析、测量,根据所得数据绘制出样板图形的过程,其有着极严密的尺码规格要求。成品驳样时,一定要遵照相关的规格尺寸,不能按照以往的经验感觉进行设计。不仅是主要控制部位的尺寸要做到准确无误,即便是细微部位,如领座、领面、口袋、下摆弧度等尺寸,都要求做到与实物来样一致,否则会影响到复制效果。这是驳样最重要的制约因素之一,也是与一般服装结构设计不同之处。

在实物驳样中还要根据样品面料的厚薄不同,在测量尺寸上加上 0.3~1.0cm 的面料厚度余量作为驳样尺寸。

2. 款式因素

图片驳样作者可根据设计图稿按照自身理解构思、修改和完善造型设计的某些不足。而实物驳样则没有这个权利,必须完全按照客户提供的实物来样驳制,要完全按照原作,丝毫不能走形。如确有某些细小部位需要改进,则要经客户确认。

二、成品驳样的测量技巧

驳样测量是指将样衣平铺,对所需部位逐一测量,并做数据分析。要对每一个局部的形态、规格以及各部位之间的相对位置进行认真测量,最后绘制成平面样板。由于成品样衣是非平面性的,它的衣料经纬丝缕较难确认,而驳样制图是在平面状态进行的,因此,在驳样制图前首先要确认样衣经纬丝缕走向,这是极为重要的环节。其次是对成品样衣的每一根衣缝线条的位置、走向、斜度、弧度、长度等仔细认定。有些数值的认定必须是多方位地测量,相互对照、检验、核证后才能获得。只有取得的测量数据准确无误,才能做出符合原样要求的驳样制图。成品驳样测量要领主要有以下六点:

① 测量时应铺平服装,使经纬向丝缕垂直。

② 先测量主要部位,如胸围、腰围、领围、臀围、衣长等尺寸,这些尺寸决定了服装的轮廓造型,极为重要。再测细微部位,如口袋、扣位、搭门、覆势、装饰部位等,这些虽然是非控制部位,却是与整件服装的风格构成以及成品的复制效果紧密相关。

③ 先测前片,再测后片;先测表,后测里。

④ 局部测量,分块面完成,如领、袖、袋、裤腰等,分别量出。

⑤ 测量时严格按要求进行,才能保证准确;测量所得数据应仔细核对,做好记录。

⑥ 最后将测量数据绘制成平面纸样。

三、主要部位的测量

为了更加直观地掌握服装成品的测量方法,本章选取衬衫、西裤、裙子 3 种典型款式作为测量范例,通过照片及文字叙述的形式,对服装实物驳样的主要部位尺寸测量进行展示与描述。

(1) 上装主要测量部位(图 5-1-1~图 5-1-24)

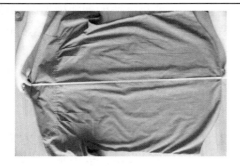

图 5-1-1 衣长(后中长)

由后颈点量至底摆最低处

图 5-1-2 袖长

从肩端点量至袖口

图 5-1-3 前(后)胸围

将衣服钮扣扣好放平,在衣服腋下
2.0cm 处从左侧处水平量至右侧处

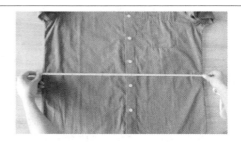

图 5-1-4 前(后)腰围

取腰身最细处水平量取腰围

图 5-1-5 胸宽

将衣服钮扣扣好,水平量取左右袖
窿间距离最小的尺寸作为胸宽

图 5-1-6 背宽

从背部水平量取左右袖窿间
距离最小的尺寸作为背宽

图 5-1-7 小肩宽

由侧颈点量至肩端点

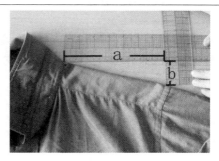

图 5-1-8 肩斜比例

如图所示放置直尺,肩斜比例为 a：b

图 5-1-9 肩宽

从左肩端点经后颈点量至右肩端点

图 5-1-10 领围

领座底边长度减去两边搭门量

图 5-1-11 前横开领

将领口放平,水平横向量取两侧
颈点距离

图 5-1-12 前直开领

用直尺连接两侧颈点,将领口放平,
自领底处垂直量至与直尺的交叉点

图 5-1-13 后横开领

水平横向量取后片两侧颈点距离
(一般比前横开领大 0.2~0.5cm,驳领除外)

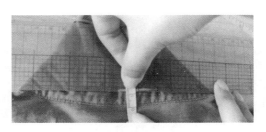

图 5-1-14 后直开领

将领口放平,用直尺连接两侧颈点,
自领底处垂直量至与直尺交叉点

图 5-1-15　前袖隆长

从后袖隆底量至肩端点

图 5-1-16　后袖隆长

从后袖隆底量至肩端点

图 5-1-17　前袖隆弧长

由肩端点沿前袖隆弧线量至袖隆底

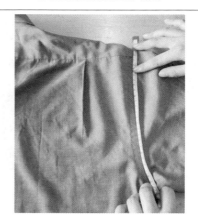

图 5-1-18　后袖隆弧长

由肩端点沿后袖隆弧线量至袖隆底

图 5-1-19　袖肥

理顺袖隆将袖片平铺,由袖隆底
垂直量至与袖中线的交点,
该垂直距离的两倍即为袖肥

图 5-1-20　袖山高

由肩端点出发,沿袖中线量
至袖肥线与袖中线的交点

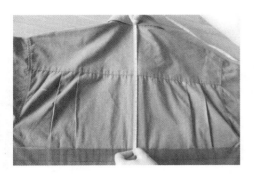

图 5 - 1 - 21　袖窿深

在后胸围放一把直尺,自后中
与直尺的交点垂直量至后颈点

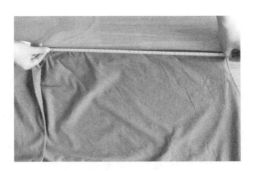

图 5 - 1 - 22　侧缝长

由侧缝底部量至腋下

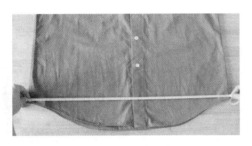

图 5 - 1 - 23　前下摆宽

将衣服扣好,从前片左侧缝
底边水平量至右侧缝底边

图 5 - 1 - 24　后下摆宽

从后片左侧缝底边水平量至右侧缝底边

(2) 下装主要测量部位(见图 5 - 1 - 25～图 5 - 1 - 36)

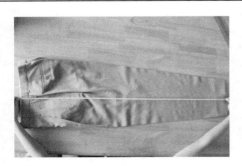

图 5 - 1 - 25　裤长

腰节线(除腰头)沿侧缝量至脚口

图 5 - 1 - 26　臀围

从腰节线(除腰头)至横裆线取 2/3 处
确定臀围线,水平量取臀围宽度

图 5-1-27　上裆长

将裤子沿挺缝线对着放平，
直尺水平夹于裆底，由腰节线
（除腰头）垂直量至直尺的距离即为上裆长

图 5-1-28　中裆宽

臀围至裤口平分线上抬 3cm 左右水平测量
（宽松型：臀围线至裤口线的平分线确定
基本中裆高，测出中裆宽；合体型：
基本中裆高上抬 5cm，测出中裆宽）

图 5-1-29　前（后）腰围

扣上门襟如图测量腰围（腰部抽绳
或装松紧时，拉直腰头测量腰围）

图 5-1-30　前（后）裆弧长

将裤裆如图理顺，从前（后）龙
门底部开始量至腰节（除腰头）

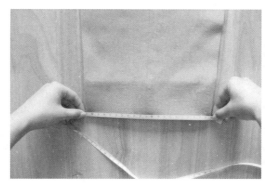

图 5-1-31　前（后）裤口宽

裤口上水平测量前（后）片裤口宽

图 5-1-32　前（后）裙长

测量裙子前（后）中线

图 5 - 1 - 33　臀高

从装腰线处量至最大臀围线处的距离
（自然腰一般取 17～19cm；低腰腰节线至
臀围线的距离一般取 14～16cm）

图 5 - 1 - 34　前(后)臀围

水平测量臀围线最大处距离(一般从装腰
线处垂直向下 17～19cm 左右确定臀围线)

图 5 - 1 - 35　前(后)摆围

铺平裙子,在底摆处从左侧缝量至右侧缝

图 5 - 1 - 36　前(后)腰围

将腰围摊平,从左侧缝与腰节线的
交点量至右侧缝与腰节线的交点

　　对于普通款式的服装,一般可采用上述方法进行测量,但对于衣片结构复杂、立体感强的服装,在条件允许范围内可对其进行分解驳样。

　　本章主要学习实物测量驳样,对于分解驳样可作为课外拓展学习。但不论选择哪种方法,想要深入研究服装驳样,还需掌握好服装结构设计、面料性能等相关知识。如:当测得总横开领大为 16cm 时,记录横开领数据应为 1/2 规格,因驳样制图是从前后中心线作基础线,然后确定前、后横开领;考虑到人体体型特征,一般后横开领比前横开领大 0.2～0.5cm 左右。另外,当服装款式褶皱较多或面料较厚时,测量的尺寸较实际尺寸小,因此在记录时可适当加大尺寸。显然,驳样测量并非直观、简单的测量,需要结合结构制图、体型特征、面料性能等因素后,对样衣进行测量。

第二节　女装成品驳样实例

　　第一节主要学习服装主要部位的测量方法,本节将深入学习驳样技术,以多款典型男女装为例进行实际运用。除测量主要部位外,进一步分析测量各种款式的细节部位,包括部件尺码、安装位置等,并结合明示尺码、结构制图、面料厚度等对测量数据进行分析,使得数据与成品相符,与技术文件相符。最后列出各控制部位的具体数值,对每款服装进行具体的驳样制图。

一、百褶裙驳样

(一) 样衣概述

1. 款式特点(图 5-2-1)

腰型:低腰装腰式,腰线呈弧线,腰头装 5 个腰襻。

裙片:前中装门里襟,两侧各一月亮袋,后身臀部两贴袋,腰口线(除腰头)以下 14cm 处水平设分割线,分割线下做百褶。

总体造型:偏短型小 A 裙,下摆稍大。

2. 面料

根据裙子造型,适合选用有一定厚度和挺括度的面料,如棉、呢绒及化纤面料等。本样衣为棉灯心绒面料。由于面料较厚,测量褶皱较多的部位时可适量增加 0.5～1.0cm 的厚度损失。

用料:面布幅宽 160cm,用量 60cm 左右。

图 5-2-1　百褶裙款式图

(二) 百褶裙成品测量部位及测量方法

1. 测量部位

(1) 主要部位测量(图 5-2-2)

根据样衣特征,该百褶裙驳样所需测量主要部位尺寸测量方法参见本章第一节下装部位测量方法。注意由于面料有一定的厚度,所以需要在测量尺寸基础上增加 0.5～1.0cm 余量,尤其是围度尺寸,腰围、臀围部位都是在测量样衣尺寸的基础上一周增加 1.0cm 余量。

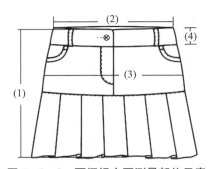

图 5-2-2　百褶裙主要测量部位示意
(1) 裙长　(2) 腰围　(3) 臀围　(4) 腰头宽

（2）细节部位测量

驳样制作是对服装样品的复制，即使是细小微妙部位也必须忠于原作。细节部位的测量方法具有一定灵活性，可多点测量，保证零部件的尺寸及安放位置的准确。根据百褶裙款式造型，细节部位测量见图 5-2-3～图 5-2-7。

图 5-2-3　前片月亮袋

图 5-2-4　后片贴袋位置

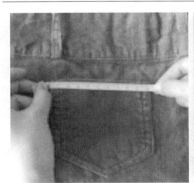  

图 5-2-5　后片贴袋尺寸

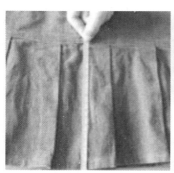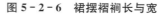

图 5-2-6　裙摆褶裥长与宽

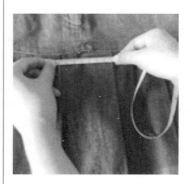

图 5-2-7　裙摆褶裥间距

2. 百褶裙成品规格尺寸

号型 160/84A，单位:cm

部位	裙裥长	前/后臀围(上)	臀高	前/后腰围(上)	腰头宽	裙摆褶量
尺寸	37.5	45	14	38	5	5
部位	裙摆褶裥长	前/后裙摆分割线弧长	前/后摆长	前后腰围(下)	侧缝长	下摆起翘
尺寸	18.5	46	56	39	32.5	1.5

（三）百褶裙驳样

1. 裙片驳样（图 5-2-8）

（1）裙前片

① 基础线:垂直画出裙子的前中线,根据测得裙长为 37.5cm,从该前中线出发,按裙长 37.5cm,水平画出上平线和下平线。

② 前腰线:按照测量腰头宽为 5.0cm,从上平线出发向下 5.0cm 处作平行线,作为腰头宽线。根据前腰围(下)39cm,从前中出发沿着上下腰口线向左取 19.5cm。

③ 前臀围线:该款式为低腰裙,测量所得臀高为 14.0cm。从上平线出发向下取 14cm 画平行线,为前臀围线。沿臀围线向左取前臀围大/2(22.5cm)作垂线交于上平线与下平线。

④ 前下摆:沿下平线画下摆弧线,弧长测得 28cm,起翘 1.5cm。量取侧缝长 32.5 得到腰头侧缝起翘量,然后垂直向上取 5cm 腰头宽。

⑤ 前裙摆分割线:根据测得褶长为 18.5cm,从下平线出发向上取 18.5cm 平行线,沿该线作裙摆分割弧线,弧长 23cm。

⑥ 裙褶裥:根据实物测量,如图 5-2-8 确定褶的位置,褶量均为 5cm,裙摆展开如图 5-2-8 所示。

⑦ 腰头:根据前腰围(上)38cm,在腰头长的 1/2 处折叠 0.5cm。

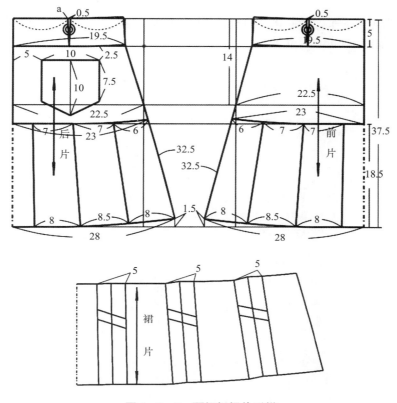

图 5-2-8　百褶裙裙片驳样

（2）裙后片

① 延长前片基础线,画出后中线交于上平线与下平线。

② 后腰:后腰、后臀其上、下腰围、臀围线画法同前片。

③ 后侧缝、后下摆、后裙摆分割线、褶位画法参考前片。

④ 后贴袋:按照测量后贴袋上边沿距离下腰头线 2.5cm,据后中 5cm,确定口袋位置后,根据实测数据绘制贴袋。

二、连衣裙驳样

（一）样衣概述

1. 款式特点（图 5-2-9）

衣片:前片无门襟,前后衣身设公主线收腰。胸前装蝴蝶结,前中设木耳边。裙摆以上 24cm 设水平分割线,公主线与分割线交点处做褶。

领型:圆领式。

袖型:无袖。

总体造型:合体式连衣裙

2. 面料

夏季裙选用薄型棉布、丝绸、化纤面料;春秋季裙选用薄型毛料。本样衣为薄型型纯棉布。
用料:面料幅宽120cm,用量180cm。

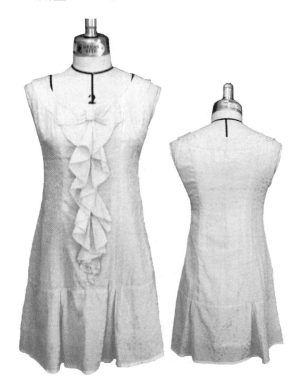

图 5－2－9　连衣裙款式图

（二）连衣裙成品测量部位及测量方法

1. 测量部位

（1）主要部位测量(图5－2－10)

根据样衣特征,该连衣裙驳样所需测量主要部位测量方法参见本章第一节上装部位测量
方法。

（2）细节部位测量

细节部位的测量方法具有一定灵活性。该连衣裙需测量的细节部位主要有木耳边、蝴蝶
结、领结宽、褶量、省位等,特别是木耳边等的驳样应当多点测量。取的点越多,驳的样就越准
确。细节部位测量见图5－2－11～5－2－15。

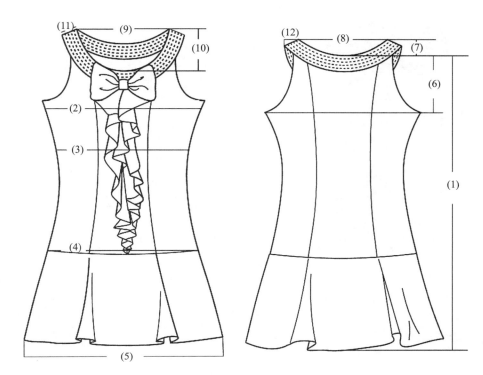

图 5 - 2 - 10　连衣裙主要测量部位示意

（1）后中长　（2）胸围　（3）腰围　（4）上摆围　（5）下摆围　（6）袖窿深　（7）后直开领
（8）后横开领　（9）前横开领　（10）前直开领　（11）小肩宽　（12）肩斜比例

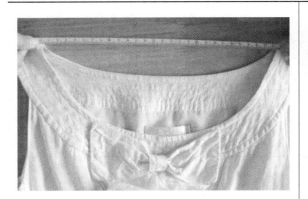

图 5 - 2 - 11　前横开领
水平量取两侧颈点距离

图 5 - 2 - 12　前直开领
由前领中心垂直量至与横开领线的中点

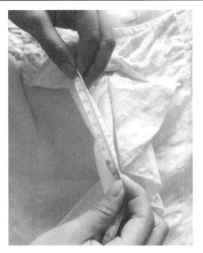

图 5－2－13　木耳边长

图 5－2－14　木耳边宽

多点测量,准确驳样

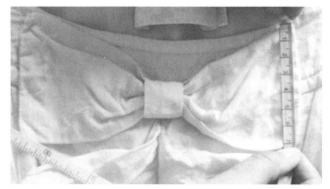

图 5－3－15　蝴蝶结

测量蝴蝶结长和宽,做好细节驳样

2. 连衣裙成品规格尺寸

号型:160/84A,单位:cm

部位	后中长	前(后)胸围	前(后)腰围	背长	袖窿深	前(后)横开领	前直开领	后直开领	前(后)肩斜比例
尺寸	80	46	38	35	16	13	12.5	4.5	4.2:1.8
部位	小肩宽	前(后)中心贴边宽	后领圈	前领圈	前腰省	后腰省	胸省	裙摆褶个数	裙摆单个褶量
尺寸	4.5	4.5	14.5	19.75	2.5	2.5	1.5	4	8
部位	后 AH	前 AH	前(后)下摆长	前(后)上摆长	蝴蝶结宽	蝴蝶结长	木耳边顶端宽	木耳边里长△	前后侧缝长
尺寸	21.5	15.8	75	25	7.5	17	8	43.5	63.4

（三）连衣裙驳样

1. 裙片驳样（见图 5 - 2 - 16）

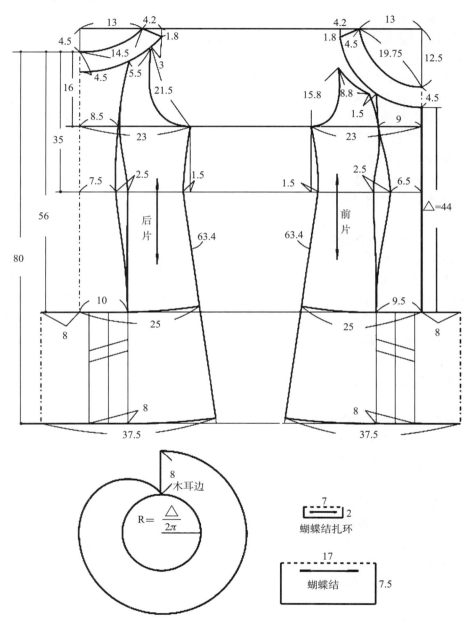

图 5 - 2 - 16　连衣裙驳样

（1）前后衣片驳样制图框架画线

① 前中线：首先画出基础直线。

② 上平线：垂直于前中线。

③ 后中线：与上平线和下平线垂直相交。

④ 后直开领：由上平线向下量取 4.5cm，作为直开领深线。

⑤ 下平线（衣长线）：按照测量后中长尺寸 80cm 平行于上平线。

⑥ 腰节线：根据该连衣裙尺寸，自上平线向下取 39.5cm（背长 35cm＋后直开领 4.5cm）作平行线，作为腰节线。

⑦ 袖窿深线：由后颈点向下量取 16cm，作为袖窿深线。

⑧ 前直开领：由上平线向下量取 12.5cm，作为直开领深线。

⑨ 前横开领：由前中线向左量取横开领 13cm，作为横开领宽线。

⑩ 前胸围宽：按照测量前胸围 46cm，由前中线出发向左取 23cm 处作前中线的平行线。

⑪ 前肩斜线：按照测量肩斜比例为 4.2：1.8，按小肩宽 4.5cm 由侧颈点开始量取，确定前肩点。

⑫ 后胸围大：按照测量后胸围 46cm，由后中线出发向右取 23cm 处作后中线的平行线。

⑬ 后横开领：由后中线向右量取后横开领 13cm，作为横开领宽线。

⑭ 后肩斜线：按照测量肩斜比例为 4.2：1.8，按小肩宽 4.5cm 由侧颈点开始量取，确定后肩点。

（2）前后衣片驳样制图轮廓画线

① 前领圈弧线：参照样衣，由侧颈点向前颈点画顺前领圈弧线，弧长为 19.75cm。

② 前身公主线：前腰省量为 2.5cm，前公主线与胸围线、腰线、下摆线的 3 个交点距离前中线分别为 9cm、6.5cm、9.5cm，取得胸省量为 1.5cm，画顺前身公主线，取得点数越多，弧线越精确。

③ 前袖窿弧线：根据样衣尺寸，前袖窿弧长为 15.8cm，由前肩端点向袖窿深线画顺前袖窿弧线。

④ 后领圈弧线：参照样衣，量得后领圈弧长为 14.5cm，由后侧颈点向后颈点画顺后领圈弧线。

⑤ 后身公主分割线：腰省宽取 2.5cm，后公主线与胸围线、腰线、下摆线的 3 个交点距离后中线分别为 8.5cm、7.5cm、10cm，画顺后身公主线。

⑥ 后袖窿弧线：参照样衣，量得后袖窿弧长为 21.5cm，由肩端点向袖窿深线画顺袖窿弧线。

⑦ 前后侧缝线：在腰节线上，根据前后腰围大 38cm，则需要前后侧缝直线偏进 1.5cm，然后按图各点连接，调整并画顺侧缝线。

⑧ 前后下摆线：取下摆长/2＝37.5cm，在侧缝线上量取侧缝长为 63.4cm，自前、后中线处开始画顺下摆线，并且下摆起翘。

⑨ 前后上摆线：自后颈点向下量至 56cm 处为上摆线，根据测量所得，上摆弧长为 25cm，与下摆平行起翘。

⑩ 在公主线内侧量取下摆活褶量为 8cm。

2. 连衣裙木耳边、蝴蝶结驳样（图 5-2-16）

① 蝴蝶结：长 17cm，宽 7.5cm，蝴蝶结扎环长 7cm，宽 2cm。

② 木耳边：木耳边上顶端宽度为 8cm，△表示木耳边缝合部位长度，测量所得 △＝43.5cm，以圆环展开形成木耳边，半径 R 的取值为 △/2π，根据实物形状绘制弧线。

三、女衬衫驳样

(一) 样衣概述

1. 款式特点(图5-2-17)

领型:男式衬衫领。

衣片:前片门襟钉钮6粒,前后4条公主线收腰,平下摆。

袖型:泡泡袖,袖口加宽克夫。

总体造型:合体式女衬衫

2. 面料

该款女衬衫面料选择比较广,全棉、亚麻、化纤、混纺等薄型面料均可采用。如纯棉青年布、老粗布、色织、提花布、牛津布、条格平布、细平布等薄型面料。本样衣为纯棉青年布。

用料:幅宽110cm,用量120cm。

图5-2-17　女衬衫款式图

(二) 女式衬衫成品测量部位及测量方法

1. 测量部位

(1) 主要部位测量

根据样衣特征,该衬衫驳样所需主要部位包括以下21个(图5-2-18)。

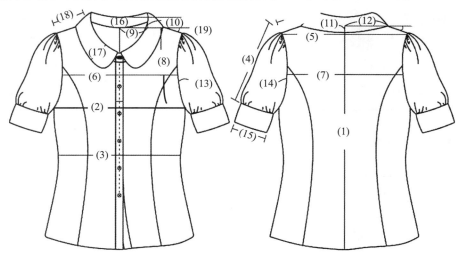

图5-2-18　女衬衫主要测量部位示意

(1)后中长　(2)胸围　(3)腰围　(4)袖长　(5)肩宽　(6)胸宽　(7)背宽　(8)袖隆深　(9)前横开领　(10)前直开领　(11)后直开领　(12)后横开领　(13)前袖隆长　(14)后袖隆长　(15)袖口　(16)领座　(17)领面　(18)小肩宽　(19)前肩斜角度

（2）细节部位测量

根据样衣特征,需测量的细节部位有扣位、克夫宽、叠门量、领面形状、省位等。细节部位测量见图 5 - 2 - 19～图 5 - 2 - 22。

图 5 - 2 - 19 袖长:由肩端点量至袖口

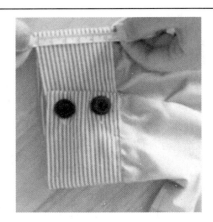

图 5 - 2 - 20 克夫宽

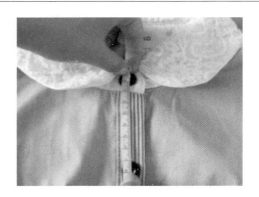

图 5 - 2 - 21 上钮位
上起第 1,2 两粒钮扣距离

图 5 - 2 - 22 下钮位
最下方钮扣到下摆的距离

2. 女式衬衫成品规格

号型:160/84A,单位:cm

部位	后中长	前(后)胸围	前(后)腰省	前腰节长	袖窿深	背宽
尺寸	53.5	42	35	38	20	32
部位	胸宽	前横/直开领	后横/直开领	前肩斜	肩宽	小肩宽
尺寸	30	7.8/8	8/2.3	7.5：4	35	9
部位	前 AH	后 AH	前腰省	后腰省	前/后下摆宽	叠门宽
尺寸	18.8	20.5	2.5	2.5	42	1

续表

部位	侧缝长	前领圈	后领圈	领座起翘量	领面宽	领座宽
尺寸	32.9	10.2	8.5	1.5	5.5	3
部位	袖肥	袖克夫长	克夫宽	袖口重叠量	袖长	上/下钮位
尺寸	36	28	5.5	3	22.6	8/12

(三) 驳样制图

1. 女衬衫衣片驳样制图（图 5-2-23）

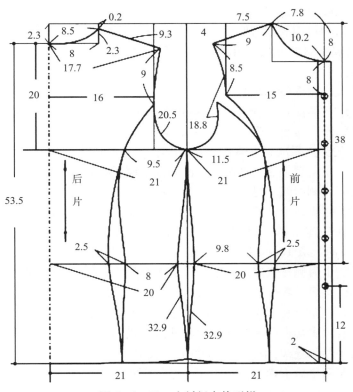

图 5-2-23　女衬衫衣片驳样

（1）前后衣片驳样制图框架画线

① 后中线：首先画出一条竖直的基础直线。

② 下平线：垂直于后中线。

③ 后颈点线：按照后中长尺寸 53.5cm 平行于下平线，为后颈点所在的水平线。

④ 后直开领：由后颈点向上量取 2.3cm，作为直开领深线。

⑤ 上平线：由直开领向上取 0.2cm（以胸围线为基准，经测量前身比后身长出的量），水平作上平线，然后作上平行的垂线，为前中线。

⑥ 腰节线：按照测量部位，自前颈点向下取 38cm。

⑦ 前直开领：由上平线向下量取 8cm，作为直开领深线。

⑧ 前横开领：由前中线向左量取前横开领大 7.8cm，作为横开领宽线。

⑨ 袖窿深线：由后颈点向下量取 20cm，作为袖窿深线。

⑩ 止口线：根据实物测量，离开前中线取叠门宽为 1cm，明门襟宽 2cm。

⑪ 前胸围大：按照测量前胸围大为 42cm，故由前中线向左取 21cm 平行线。

⑫ 胸宽线：由前中心线量取前胸宽/2(15cm)作胸宽线。

⑬ 前肩斜线：按照肩斜比例 7.5∶4，按小肩宽 9cm 由侧颈点开始量取，确定前肩端点。

⑭ 前腰围大：在腰节线上取腰围/2+2.5(省道)＝20cm。

⑮ 后胸围大：由后中线在胸围线上取后胸围大/2(21cm)，作垂线。

⑯ 后横开领：由后中线向右量取后横开领 8cm，作为横开领宽线。

⑰ 背宽线：由后中线出发向右量取背宽/2(16cm)，作后中线的平行线。

⑱ 后腰围大：在腰节线上取腰围/2+2.5(省道)＝20cm。

⑲ 后肩宽：从后颈点向肩端量取后肩宽，其尺寸为肩宽/2+0.2(归缩量)＝17.7cm，与从后侧颈点向肩端量取小肩宽 9.3cm 相交(其中后肩大于前小肩宽的 0.3cm 作为后肩的归缩量)，确定后肩端点。

(2) 前后衣片驳样制图轮廓画线

① 前领圈弧线：按照测量，由侧颈点向前颈点画顺前领圈弧线，弧长为前领圈 10.2cm。

② 前身公主线：按照实物测量，腰省宽取 2.5cm，前公主线与腰线的交点距离侧缝 9.8cm，公主线与袖窿弧线的交点距离肩点弧长为 8.5cm，多点定位画出前身公主线。

③ 前袖窿弧线：由前肩端点向袖窿深线画顺前袖窿弧线，前 AH 为 18.8cm。

④ 前侧缝：画顺侧缝线，根据测量所得侧缝长为 32.9cm。

⑤ 下摆线：在下摆直线上，取前摆宽/2＝21cm，自叠门线处开始画顺下摆线。

⑥ 钮位：上钮在领座上，第二粒钮距离上钮 8cm，则取第二钮位距离上平线 8－1.25＝6.75cm，自下摆直线向上取 12cm 为下钮位置。其余各钮在第二粒与下钮之间平分。

⑦ 后领圈弧线：由后侧颈点向后颈点画顺后领圈弧线，弧长为后领圈弧线 8.5cm。

⑧ 后身公主线：按照实物腰省宽取 2.5cm，前公主线与腰线的交点距离侧缝 8cm，公主线与袖窿弧线的交点距离肩点弧长为 9cm，多点定位画出后身公主线。

⑨ 后袖窿弧线：由肩端点向袖窿深线画顺袖窿弧线，后 AH 为 18.7cm。

⑩ 后侧缝：画顺侧缝线，根据测量所得侧缝长为 32.9cm。

⑪ 下摆线：按照测量后下摆宽/2＝21cm，画顺下摆线。

2. 女衬衫袖片驳样制图(图 5－2－24)

该衬衫袖为泡泡袖，需结合经验及袖片款式进行合理驳样。

① 袖肥：根据实物测量，作水平线 AB，长度为 36cm 线作为袖肥。

② 袖山高：袖片结构设计通常结合袖山高、前 AH、后 AH 作图再确定袖肥。此样衣为泡泡袖，袖山高很难准确测量，可通过实际测得的袖肥、前 AH、后 AH，推出袖山高。该衬衫测量所得前 AH 为 18.8cm，后 AH 为 20.5cm，在点 A、B 处分别画 18.8cm、20.5cm 的弧交于 C 点。测量所得袖长为 22.6cm，从 C 点作长度为 17.1cm(袖长-袖克夫)与袖山高线垂直的线条即为袖口线。

③ 袖山弧线：将袖片按袖口 6 等分，剪开拉开，展开量向两边逐渐减小，可试做袖片与样衣对比，选取适合的展开量，袖山顶点部位的吃势最大，因此展开量也应最大，并且袖山顶点抬

高 2～3cm,使得泡泡袖形状更圆润。如图 5-2-24 所示展开 8cm,修正袖山弧线。

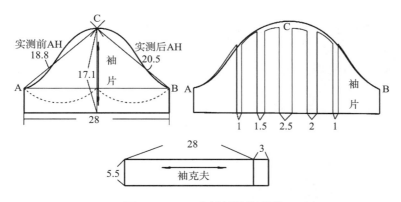

图 5-2-24　女衬衫袖片驳样

④ 袖克夫:按照测量数据,袖克夫长 28cm,宽 5.5cm,叠门 3cm,如图 5-2-24 所示。

3. 女衬衫领片驳样制图(见图 5-2-25)

① 画两条垂直相交的直线,按照实物尺寸,在竖直线上直接取领座宽为 3cm。

② 在水平线上从左到右以前后领圈线长度之和 18.7cm 取点,此点即为前中心点,竖直向上取起翘量 1.5cm。

③ 将水平的直线分成三等分,连接靠前中心的等分点与起翘点,然后过起翘点作连接线的垂线,在垂线上取 2.5cm 为 a 点,过点 a 做后中的垂线。

④ 按照测量门襟宽度为 2cm,领底线向右延长叠门量 1cm,画顺领座弧线。

⑤ 在竖直线与过 a 点的垂线的交点以上取 2cm,再向上取 5.5cm 的领面宽,根据样衣复制领面形状。

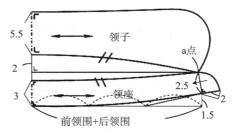

图 5-2-25　女衬衫领子驳样

四、女套装驳样

(一) 样衣概述

1. 款式特点(图 5-2-26)

(1) 套装上衣

衣片:四开身女套装上衣,单排 4 扣,腰下左右两挖袋。

领型:V 字无领式。

袖型:两片式合体袖。

总体造型:宽松平直型女套装。

(2) 套装裙子

腰型:装腰式直腰。

裙片:前腰口左右设 1 个省,后腰口左右各设 2 个省。后中缝上端装拉链,后中下摆设开衩。

总体造型:适身型西装裙。

2. 面料

可采用全毛呢料、毛与化纤混纺交织等面料。本样衣为全毛薄呢面料。

用料:面布幅宽 160cm,用量 200cm。

里布幅宽 90cm,用量 240cm。

图 5－2－26　女套装款式图

(二) 女套装上衣成品测量部位及测量方法

1. 测量部位

(1) 主要部位测量(图 5－2－27)

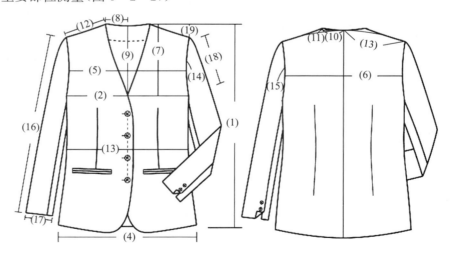

图 5－2－27　女套装上衣驳样主要测量部位

(1) 衣长　(2) 胸围　(3) 腰围　(4) 下摆围　(5) 胸宽　(6) 背宽　(7) 袖窿深　(8) 前横开领　(9) 前直开领
(10) 后横开领　(11) 后直开领　(12) 小肩宽　(13) 肩宽　(14) 前袖窿弧长　(15) 后袖窿弧长
(16) 袖长　(17) 袖口　(18) 袖山高　(19) 前肩斜比例

根据样衣特征,该上衣驳样所需主要部位包括图 5－2－27 所示 19 个,测量方法参见本章

第一节上装部位测量方法。注意由于面料有一定的厚度,胸围、腰围、臀围、摆围部位都是在测量样衣尺寸后一周增加1.0cm余量。

(2)细节部位测量

根据样衣特征,需测量的细节部位有挖袋长(宽)、省长、省位、袖衩长(宽)、扣位等。细节部位测量见图5-2-28~图5-2-30。

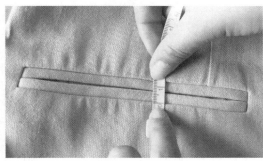

图5-2-28　挖袋长与宽

图5-2-29　腰省长:由腰线量至省尖

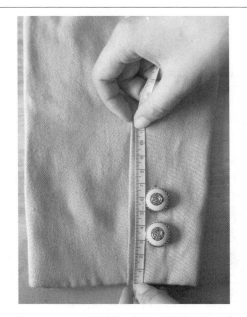

图5-2-30　袖衩长:由袖口量至袖衩止点

3.女套装上衣成品规格

号型:160/84A,单位:cm

部位	衣长	前胸围	后胸围	前腰围	后腰围	背长	袖隆深线
尺寸	74	53	49	47	41	42	24.5

续表

部位	胸宽	前横/直开领	后横/直开领	前肩斜	后摆大	前摆大	肩宽
尺寸	38	7.8/25	7.8/2.5	13.8：4.5	49	57	42
部位	背宽	小肩宽	叠门量	门襟钮扣个数	上/下钮位	前 AH	后 AH
尺寸	39	14	2	4	9/16	27	26.2
部位	侧缝长	后腰劈量	后摆劈量	前腰省	前腰省长	后腰省	后腰省长
尺寸	46.2	1.5	1.5	1.5	22	1.5	30
部位	前腰省距离侧缝	后腰省距离侧缝	省道距袋边	挂面距中心	单根口袋嵌条宽	口袋长	口袋倾斜
尺寸	13	11	2.5	8	0.75	13.0	0.5
	袖长	袖山高	大袖口	小袖口	袖衩长	前偏袖	后偏袖
	58	17	16	10	8	3	2

（三）女套装上衣驳样

1. 女套装衣片驳样（图 5-2-31）

（1）前后衣片驳样制图框架画线

① 前中线：首先画出基础直线。

② 上平线：垂直于前中线。

③ 下平线：按照衣长尺寸 74cm 平行于上平线。

④ 后中线：与上平线和下平线垂直相交。

⑤ 后直开领：由上平线向下量取 2.5cm，作为直开领深线。

⑥ 腰节线：按照测量背长为 42cm，自后颈点向下量 42cm 作平行线，作为腰节线。

⑦ 袖窿深线：由后颈点向下量取 24.5cm 作平行线，作为袖窿深线。

⑧ 前横开领：由前中线向左量取前横开领 7.8cm，作为横开领宽线。

⑨ 胸宽线：由前中心线量取胸宽/2（19cm）为前胸宽。

⑩ 前肩斜线：按照肩斜比例 13.8：4.5，按测量所得小肩宽 14cm 由侧颈点开始量取，确定前肩点。

⑪ 前胸围大：由前中线向左取前胸围大/2（26.5cm）作前中线的平行线。

⑫ 前直开领：由上平线向下量取 25cm，作为直开领深线。

⑬ 前腰围大：由前中线在腰围线上取前腰围/2+1.5cm（省道）＝25cm。

⑭ 后胸围大：在后中线上胸围处取 0.5cm。腰部取 1.5cm 底摆 1.5cm 画后中弧线。从后中线出发去掉 0.5cm，取后胸围大/2（24.5cm），作后中线的平行线。

⑮ 后腰围大：由后中线去掉 1.5cm 在腰围线上取前腰围/2+1.5cm（省道）＝22cm。

⑯ 后横开领：由后中线向右量取后横开领 7.8cm，作为横开领宽线。

⑰ 背宽线：实测背宽为 39cm，由后中线向下 8cm 处量取背宽/2（19.5cm）作背宽线。

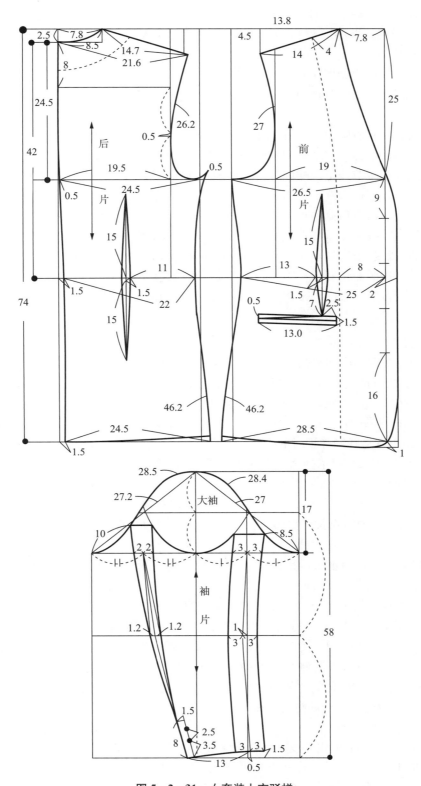

图 5－2－31 女套装上衣驳样

⑱ 定后肩宽：从后颈点向肩端量取后肩宽，其尺寸为肩宽/2＋0.6(归缩量)＝21.6cm，与从后侧颈点向肩端量取小肩宽14.7cm相交(其中后小肩大于前小肩宽的0.7cm作为后肩的归缩量)，确定后肩端点。

(2) 前后衣片驳样制图轮廓画线

① 前领圈弧线：由侧颈点向前颈点画顺前领圈弧线，该处可拷贝样衣，即沿样衣前领圈弧线复制驳样。

② 前身腰省：腰省宽取1.5cm，省长22cm，如图5-2-31画出前身腰省。

③ 前袖窿弧线：由前肩端点向袖窿深线画顺前袖窿弧线，弧长为27cm。

④ 侧缝线：在腰节线上，侧缝直线偏进，测量所得侧缝长为46.2cm，画顺侧缝线。

⑤ 下摆线：自下摆直线下降1cm，按款式起翘及作摆围，自叠门线处开始画顺下摆线。

⑥ 后领圈弧线：由后侧颈点向后颈点画顺后领圈弧线，测量所得后领圈为8.5cm。

⑦ 后身腰省：按照测量腰省宽取1.5cm，省长30cm，如图画出后身腰省。

⑧ 后袖窿弧线：由肩端点向袖窿深线画顺袖窿弧线，测量所得弧长为26.2cm。

⑨ 侧缝线：按照测量侧缝长为46.2cm，画顺侧缝线。

⑩ 下摆线：按照样衣起翘及作摆围，自后中线处开始画顺下摆线。

2. 袖片驳样(图5-2-31)

① 袖长：测量所得袖长为58cm。

② 袖山高：按照实际测量袖山高为17cm，按照公式AH/4＋4.5计算得到的袖山高与此数值很接近，因此可把实际测量值17cm作为袖山高。

③ 袖肥：按照测量数据，在袖山顶点左右两边向袖肥线分别截取后AH＋1cm为27.2cm、前AH为27cm，如图确定袖肥。这样得到的袖山曲线长度大约比测量所得的袖窿弧长大3.7cm左右，此量就是缝制袖子时的吃势。

注：吃势总量的大小要依据诸多方面的因素不同而各有差异。主要是根据服装种类、面料素材而定。一般规律是：

$$袖山吃势量 ＝ 袖山弧长－袖窿弧长＝\begin{cases} 1\sim3cm\ 夏(薄) \\ 2\sim4cm\ 春秋(中厚) \\ 3\sim5cm\ 冬(厚) \end{cases}$$

④ 画基础袖：根据测量所得数据，过前袖肥中点向下画线与肘线垂直并相交，袖口线上抬1.5cm，在肘线上向内取1cm，袖口线上向右外取0.5cm用圆顺的弧线相连，这是前袖下弧基础线。在袖口处取袖口大为13cm，再和后袖肥中心相连，和肘线相交于一点与后袖肥中心向下作垂线和肘线相交一点平分，然后过后袖肥中心点、平分点、袖口用圆顺的弧线相连，作为后袖下弧基础线。测量所得袖衩长度为8cm，故在后袖下弧基础线上取袖衩长度为8cm。

⑤ 前大小袖：测量所得前侧大小偏袖为3cm，以前袖下弧基础线为中心，大袖向外扩大3cm，并顺势向上与袖窿弧线相交，大袖袖窿底点离袖窿底部弧长为8.5cm；小袖向内缩小3cm，并顺势向上画至与大袖袖窿底点相平，确定小袖袖窿最高点。

⑥ 后大小袖：测量所得后侧大小偏袖为2cm，以后袖下弧基础线为中心，大袖向外扩大2cm，并顺势向上与袖窿弧线相交，大袖袖窿底点离袖窿底部弧长为10cm；小袖向内缩小2cm，并顺势向上画至与大袖袖窿底点相平，确定小袖袖窿最高点。

⑦ 小袖袖窿底线：连接前后小袖袖窿最高点与袖窿底点，用圆顺弧线连接。

（四）女套装裙子成品测量部位及测量方法

1. 测量部位

（1）主要部位测量

根据样衣特征，该裙子驳样所需主要部位包括以下 5 个，见图 5-2-32。注意由于面料有一定的厚度，腰围、臀围部位在测量样衣尺寸后一周增加 1.0cm 余量。

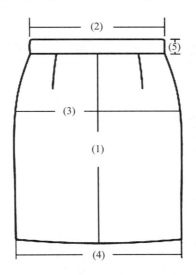

图 5-2-32　女套装裙子测量部位示意

（1）裙长　（2）腰围　（3）臀围　（4）下摆围　（5）腰头宽

（2）细节部位测量

根据该样衣的特征，需测量的细节部位有拉链长、省长、省位、裙衩长（宽）、扣位等。细节部位测量见图 5-2-33～图 5-2-37。

图 5-2-33　后拉链长

由腰节线（除腰头）量至拉链止口

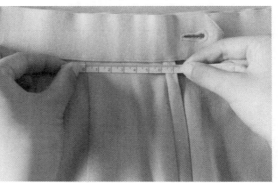

图 5-2-34　褶位

多点量取褶裥到周围部件的相对位置

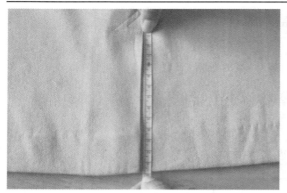

图 5 - 2 - 35 后开衩长与宽

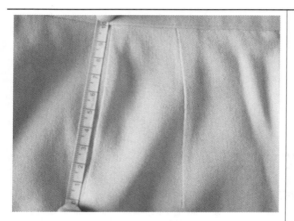

图 5 - 2 - 36 省长

由腰节线(除腰头)量至省尖

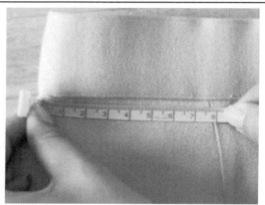

图 5 - 2 - 37 省位

多点量取省道到侧缝等部位的距
离,取点越多省道的位置越准确

3. 女套装裙子成品规格

号型:165/68A 单位:cm

部位	裙长	前腰围	后腰围	臀高	前/后臀围	前(后)下摆
尺寸	56	37	33	18	46	44
部位	侧缝	裙衩长	裙衩宽	腰头宽	腰头长	后拉链长
尺寸	53.3	13	3.5	4	76	22

(五)女套装裙子驳样

1. 裙片驳样(图 5 - 2 - 38)

(1)前后裙片驳样制图框架画线

① 前中线:画前中竖线,前片连裁,前中画虚线。

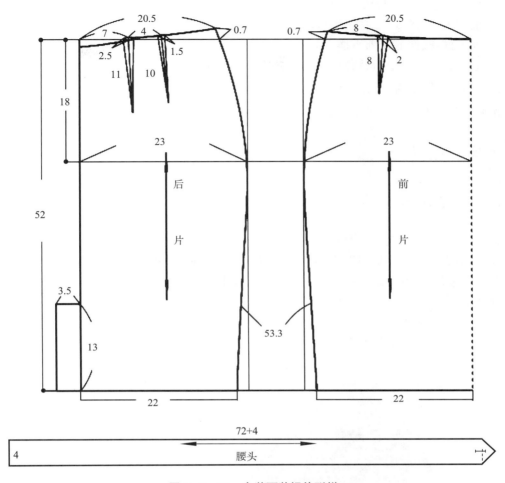

图 5 - 2 - 38　套装西装裙片驳样

② 基础线：垂直于前中线画上平线，按测量所得裙长－腰头＝52cm 画下中线。

③ 臀围线：从上平线向下量取 18cm，垂直于前中画水平线。

④ 臀围大：按照测量后臀围大为 46cm，故从前中线出发，向左量取 23cm 作垂线交于上平线与下平线。

⑤ 后中线：延长前片上平线、下平线、臀围线，作垂直线为后中线。从后中线出发，向右量取 23cm 作垂线交于上平线与下平线。

（2）前后裙片驳样制图轮廓画线

① 后腰围大：按照实物测量 2 个省道各为 2.5cm 和 1.5cm，从后中心取后腰围大/2＋4cm ＝20.5cm。后腰低下 1cm，后腰线与侧缝的交点起翘 0.7cm，画顺后腰线。

② 后省道：按图 5 - 2 - 38 所示，画后省道。

③ 后下摆：按照测量后下摆围大 22cm。

④ 后侧缝：连接腰、臀、下摆画顺侧缝线，取短裙侧缝长为 53.3cm。

⑤ 开衩：后中线下摆做长为 13cm，宽为 3.5cm 的开衩。

⑥ 前腰围大：按照实物测量 1 个省道量为 2cm，从前中心取前腰围大/2＋2cm＝20.5cm，

前腰围线与侧缝的交点起翘 0.7cm 画顺腰线。

⑦ 前省道:按图 5-2-38 所示,画前省道。

⑧ 前下摆:按照测量前下摆大 22cm。

⑨ 连接腰、臀、下摆,画顺侧缝线,侧缝长为 53.3cm。

2. 腰头驳样(见图 5-2-38)

按照测量,取腰头长 72cm,搭门 4cm,则总长 76cm,腰头宽 4cm。

五、女风衣驳样

(一) 样衣概述

1. 款式特点(图 5-2-39)

衣片:前衣片左右两侧设育克、分割线,前中开襟装拉链,腰线以下左右各装一贴袋。前后左右两侧各设公主线收腰。腰线以上 4cm 处装木耳边。

领型:方形翻领。

袖型:一片式短袖。

总体造型:合体式女风衣。

图 5-2-39 女风衣款式图

2. 面料

面料一般采用中厚型结构紧密、有防水功能的面料制作,可选用华达呢、马裤呢。如用于防风防雨,可选用经过防水处理的棉华达呢、涤棉或化纤的防水涂层织物,如雨衣布等。本样衣为防水处理的棉华达呢。

用料:面布幅宽160cm,用量120cm。

(二)女式风衣成品测量部位及测量方法

1. 测量部位

(1) 主要部位测量(图5－2－40)

根据样衣特征,该风衣驳样所需主要部位包括以下22个,测量方法参见本章第一节。注意由于面料有一定的厚度,胸围、腰围、臀围、摆围部位都是在测量样衣尺寸后一周增加1.0cm余量。

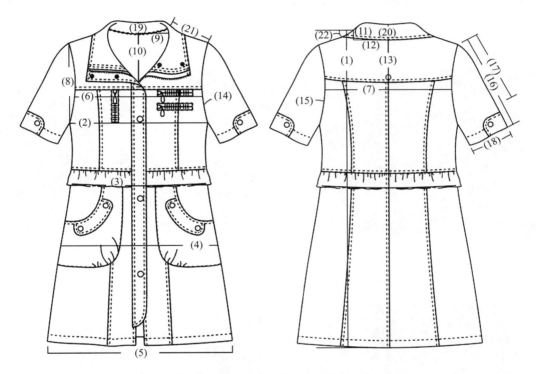

图5－2－40　女风衣主要测量部位示意

(1) 衣长　(2) 胸围　(3) 腰围　(4) 臀围　(5) 下摆围　(6) 胸宽　(7) 背宽　(8) 袖窿深　(9) 前横开领
(10) 前直开领　(11) 后直开领　(12) 后横开领　(13) 后背搭片长　(14) 前袖窿长　(15) 后袖窿长
(16) 袖长　(17) 袖山高　(18) 袖口　(19) 领座　(20) 领面　(21) 小肩宽　(22) 肩斜比例

(2) 细节部位测量

根据样衣特征,细节部位较多,需测量的细节部位主要有贴袋尺寸、贴袋位置、木耳边宽、袖口搭片长(宽)、前(后)育克规格、拉链长(宽)、拉链位置、领面形状、省位等。细节部位测量见图5－2－41～图5－2－47。

图 5 - 2 - 41　贴袋尺寸

图 5 - 2 - 42　贴袋位置

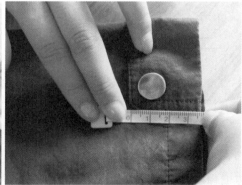

图 5 - 2 - 43　袖口搭片长与宽

图 5 - 2 - 44 前育克规格

图 5 - 2 - 45 后育克规格

图 5 - 2 - 46 装饰拉链长与宽

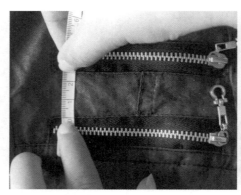

图 5 - 2 - 47 装饰拉链位置

2. 女式风衣成品规格尺寸

号型:160/84A,单位:cm

部位	后中长	前(后)胸围	前(后)腰围	前(后)臀围	袖窿深	背宽	前胸宽	前直/横开领	前肩斜
尺寸	90	46	41	50	22	35.2	35	8.5/8	11.5:4.5
部位	小肩宽	前腰节长	后肩斜	后直:横开领	前 AH	后 AH	前领圈	后领圈	前(后)腰省
尺寸	12	40	11.7:4.5	2.3:8.4	20.9	22.3	12.8	8.8	2/2
部位	侧缝长	木耳边宽	袖长	袖山高	袖口	前底摆大	后底摆大	领面宽	领座
尺寸	56.8	2.5	23	12.5	34	55.6	59.6	9	3.5
部位	贴袋距中	贴袋距腰	前育克长	前育克宽	后育克长	后育克宽	右前拉链长	左前上拉链长	左前下拉链长
尺寸	4.5	4	6	17.5	14	17.6	9	9.5	9.5

(三) 风衣驳样

1. 风衣衣片驳样(图 5 - 2 - 48)

(1) 前后衣片驳样制图框架画线

① 前中线:首先画出基础直线。

② 上平线:垂直于前中线。

③ 后中线:垂直于上平线。

④ 后直开领:根据测量数据,向下量取 2.3cm,作直开领深线。

⑤ 下平线:按照后中长尺寸 90cm 平行于上平线。

⑥ 腰节线:根据实物测量,腰线自前侧颈点向下 40cm 画平行线。

⑦ 袖窿深线:测量得到袖窿深为 22cm,由后颈点向下量取 22cm,作为袖窿深线。

⑧ 前直开领：由上平线向下量取 8.5cm，作为直开领深线。

⑨ 前横开领：由前中线量取前横开领 8cm，作为横开领线。

⑩ 前胸围大：测量所得前胸围 46cm，由前中线量取 23cm 作垂线。

⑪ 育克线：由前颈点向下 6cm，画水平线作为育克线。

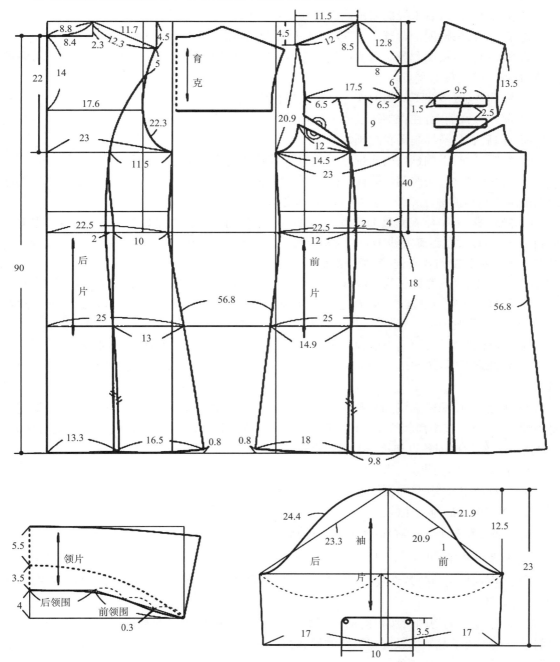

图 5－2－48　女风衣驳样

⑫ 前肩斜线:实物测得肩斜比例为 11.5:4.5,小肩宽 12cm。由侧颈点开始确定肩斜,再截取前小肩宽 12cm 确定前肩端点。

⑬ 胸宽线:由前中心线量取前胸宽/2(17.5cm)作垂线为胸宽线。

⑭ 后胸围大:根据样衣测量后胸围 46cm,由后中线取 23cm 作胸围线。

⑮ 后横开领:由后中线向内量取后横开领 8.4cm,作为横开领线。

⑯ 背宽线:根据测量背宽尺寸 35.2cm,从后中线量取 17.6cm 作垂线。

⑰ 后肩斜线:按照测量后肩斜比例为 11.7:4.5,按前肩宽 12cm+0.3cm(归拢量)由侧颈点开始量取,确定后肩端点。

⑱ 臀围线:腰节线下 18cm,作上平行的平行线。

⑲ 前(后)臀围大:在臀围线上取前(后)臀围大/2=25cm。

(2)前后衣片驳样制图轮廓画线

① 领圈弧线:由侧颈点向前颈点画顺前领圈弧线,根据测量前领圈弧线长为 12.8cm。

② 前袖窿弧线:按照测量前袖窿弧线(前 AH)为 20.9cm,加上 1.5cm 的省道,由前肩端点向袖窿深线画顺前袖窿弧线。其中 1.5cm 的省道转移至纵向剖缝线中。

③ 侧缝线:按照样衣测量前腰围大为 41cm,故从前中心向左量取 20.5cm+2cm(省道),得到腰部侧缝点;在距离腰线 18cm 的臀围线上取前臀围大/2(25cm);在底摆线上取前摆大/2(27.8cm),然后按图各点连接,画顺侧缝线。

④ 下摆线:量取侧缝长为 56.8cm 后,在下摆直线上,自叠门线处开始画顺下摆线。

⑤ 前身公主线:在腰线上从侧缝往右取 12cm,量取前腰省为 2cm,取多点确定公主线位置,如图画出前身公主线。

⑥ 后领圈弧线:按照测量后领围 8.8cm,由后侧颈点向后颈点画顺后领圈弧线。

⑦ 后袖窿弧线:按照测量后袖窿弧线(后 AH)为 22.3cm,由肩端点向袖窿深线画顺袖窿弧线。

⑧ 侧缝线:按照样衣测量后腰围大为 41cm,故从后中心向右量取 20.5cm+2cm(省道),得到腰部侧缝点;在距离腰线 18cm 的臀围线上取后臀围大/2(25cm);在底摆线上取后摆大/2(29.8cm),然后按图各点连接,画顺侧缝线。

⑨ 下摆线:量取侧缝长为 56.8cm 后,在下摆直线上画顺下摆线。

⑩ 后身公主分割线:在腰线上从侧缝往右取 10cm,量取后腰省为 2cm,取多点确定公主线位置,如图画出后身公主线。

由于前身左右不完全对称,所以两边都画出。

2. 风衣领驳样(图 5-2-48)

① 画垂直相交的两条直线,根据测量,在竖直线上取直上尺寸 4cm,水平画后领围长度 8.8cm 的水平线。

② 末端点以实物测量所得的前领圈弧线长度 12.8cm 向水平线截取一点,此点即为领子的前中心点。为了翻领的领底口弧线的形态在前中心部分与衣片的领圈线形态比较接近,取三等分点下凸 0.3cm 取弧线。

③ 根据测量,在竖直线上取领座高 3.5cm 和领面宽 5.5cm,最后依据样衣领角的大小和角度复制领面造型。

3. 袖片驳样(图 5 - 2 - 48)

① 袖长:袖长测得为 23cm,故作 23cm 竖直线。

② 袖山高:根据实际测量得到袖山高为 12.5cm,水平做袖肥线。

③ 袖肥:袖山顶点左右两边向袖肥线分别截取后 AH＋1 为 23.3cm、前袖窿长 AH 20.9cm,确定袖肥。

④ 袖口:从袖中心线向两边取 17cm 画袖口线,连接袖侧缝。

⑤ 袖山弧线:如图 5 - 2 - 48 画出袖山曲线,袖山曲线长度大约比测量所得的袖窿弧长大 3.1cm 左右,此量就是缝制袖子时的吃势,吃势量可参考本节女套装上衣袖片驳样注释。

⑥ 搭片:测量所得,搭片长 10cm,宽 3.5cm。

4. 口袋、木耳边驳样(图 5 - 2 - 49)

口袋与木耳边驳样尺寸见图 5 - 2 - 49。木耳边装在腰节分割线上;口袋装在距离前中心 4.5cm、上口距离腰节分割线 4cm 处。

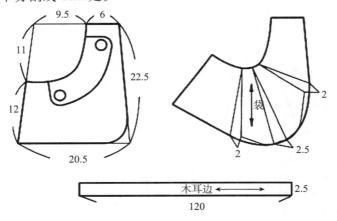

图 5 - 2 - 49　风衣口袋、木耳边驳样

六、女西装驳样

(一) 样衣概述

1. 款式特点(图 5 - 2 - 50)

衣片:四开身,前后身四条公主线分割形成合身的廓型。仅在腰间设置一钮扣,左右两贴袋。

领型:平驳领。

袖型:两片式合体袖,袖口自然上翻。

总体造型:合体式女西装。

2. 面料

面料选择范围较广,毛料、棉布、呢绒及化纤等面料均可采

图 5 - 2 - 50　女西装款式图

用。如法兰绒、华达呢、美丽诺、哔叽、直贡呢、凡立丁、派力司、单面华达呢、隐条呢、双面卡其等中厚型织物面料。面料偏厚的,测量尺寸时可按实际情况适当增加 0.1~0.5cm。本样衣为加入氨纶的弹力法兰绒。

用料:面料幅宽 160cm,用量 120cm。

(二)女西装上衣成品测量部位及测量方法

1. 测量部位

(1)主要部位测量(图 5-2-51)

根据样衣特征,该上衣驳样所需测量的主要部位有以下 21 个,测量方法参见本章第一节上衣部位测量。由于面料有一定的厚度,胸围、腰围、臀围部位都要在测量样衣尺寸后一周增加 1.0cm 余量。

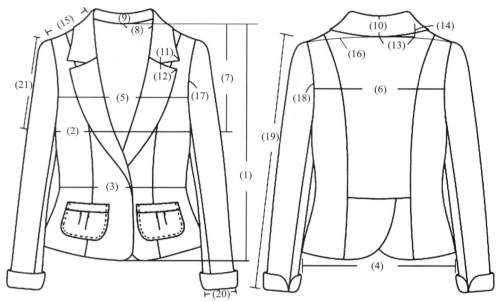

图 5-2-51　女西装驳样主要测量部位示意

(1)衣长　(2)胸围　(3)腰围　(4)下摆围　(5)胸宽　(6)背宽　(7)袖窿深　(8)前横开领　(9)领座　(10)领面宽　(11)领角宽　(12)驳领角宽　(13)后横开领　(14)后直开领　(15)小肩宽　(16)肩宽　(17)前袖窿弧长　(18)后袖窿弧长　(19)袖长　(20)袖口　(21)袖山高

(2)细节部位测量

根据样衣特征分析,该款式需测量的细节部位主要有贴袋尺寸、贴袋位置、下摆造型、钮位、袖克夫等。细节部位测量方法见图 5-2-52~图 5-2-57。

图 5 - 2 - 52　贴袋长与宽

图 5 - 2 - 53　贴袋褶量

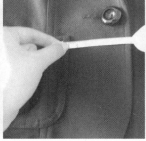

图 5 - 2 - 54　贴袋位置

图 5 - 2 - 55　下摆形状

图 5 - 2 - 56　下钮位

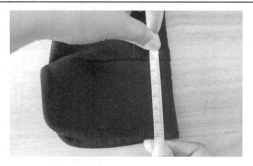

图 5 - 2 - 57　袖克夫宽

2. 女西装上衣成品规格

号型:160/84A,单位:cm

部位	后中长	前(后)腰围	前(后)胸围	前(后)下摆围	背宽	胸宽	袖窿深	背长	前直/横开领
尺寸	53	36	44	43	30	29	23.5	37	40/8
部位	肩宽	前肩斜	小肩宽	前(后)下摆大	袖长	前 AH	后 AH	后领圈	后直/横开领
尺寸	36	8.3∶5	10	43	58	21.6	22.9	8.4	2/8
部位	后腰省	前腰省	口袋长/宽	大袖口	小袖口	袖山高	领面宽	领座宽	领尖宽
尺寸	2.5	2	10	13	7	15.5	5	3	7

(三) 女西装驳样

1. 衣片驳样(图 5 - 2 - 58)

(1) 前后衣片驳样制图框架画线

① 前中线:首先画出基础直线。

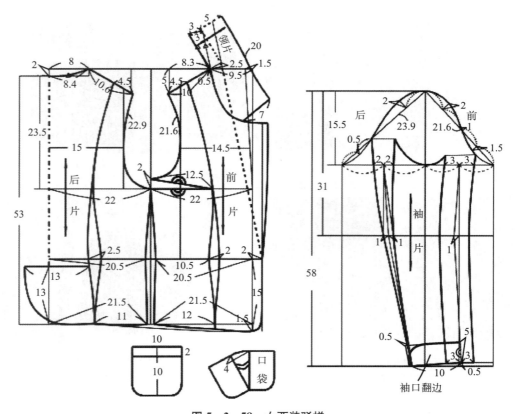

图 5 - 2 - 58 女西装驳样

②上平线:垂直于前中线。

③后中线:与上平线垂直相交。

④后直开领:由上平线向下量取 2cm,作为直开领深线。

⑤下平线:按照后中长尺寸 53cm 平行于上平线。

⑥腰节线:按照测量背长为 37cm,故腰节线为自后颈点向下量 37cm 作水平线。

⑦袖窿深线:该款式袖窿深为 23.5cm,故由后颈点向下量取 23.5cm 作水平线,作为袖窿深线。前袖窿抬高 2cm,作为省道量转移至公主线。

⑧胸宽线:该样衣胸宽为 29cm,故由前撇胸线向左量取 14.5cm 作垂线。

⑨前直开领:按照测量数据,由上平线下降 40cm,作为前直开领深线止点,该点与腰节线重合。

⑩前横开领:按照样衣,前横开领为 8cm,故由前中线向左量取 8cm+1.5cm(撇胸)=9.5cm,作为横开领线。

⑪前肩斜线:按照测量,肩斜比例为 8.3:5,按小肩宽 10cm 由侧颈点开始量取,确定前肩点。

⑫前胸围大:按照测量前胸围 44cm,故前中线向左取 22cm 作垂线。

⑬后横开领:该西装后横开领为 8cm,故由后中线与上平线的交点向右量取 8cm,作为横开领宽。

⑭背宽线:按照测量背宽为 30cm,故由后中线向右量取 15cm 作垂线。

⑮后肩斜线:按照测量数据,由后颈点向肩端方向量出肩宽/2(18cm)+0.5(归拢量)=18.5cm;又从后侧颈点向肩端方向量出小肩宽,其尺寸为 10cm+0.6cm(归拢量),两线交于一点,该点为后肩斜线。

⑯后胸围大:按照测量后胸围为 44cm,故由后中线向右量取 22cm 作垂线。

(2)前后衣片驳样制图轮廓画线

①前身公主线:该样衣腰省宽为 2cm,取多点确定公主线位置,如图画出前身公主线。

②前袖窿弧线:按照测量前袖窿弧长(前 AH)为 21.6cm,由前肩端点向袖窿深线调整并画顺前袖窿弧线。

③前下摆线:量取下摆围 21.5cm,自下摆直线下降 1.5cm,按样衣起翘及摆围,自叠门线处开始画顺下摆线。

④后领圈弧线:按照测量后领圈为 8.4cm,故由后侧颈点向后颈点调整并画顺后领圈弧线。

⑤后身公主线:该西装后腰省为 2.5cm,取多点确定后公主线位置,如图画出后身公主线。

⑥后袖窿弧线:按照测量后袖窿弧长(后 AH)为 22.9cm,由后肩端点向袖窿深线调整并画顺后袖窿弧线。

⑦后下摆线:量取下摆围 21.5cm,按照样衣起翘自后中线处开始画顺下摆线。

⑧侧缝线:按图各点连接,画顺侧缝线。

⑨后中交叉重叠:根据测量结果,离开底摆 13cm 处从后公主线开始开衩并设重叠量。

2. 翻驳领驳样(图 5-2-58)

①翻折线:按照测量领座宽为 3cm,则从侧颈点延长肩线 2.5cm(领座宽-0.5cm),这样可使做好的领子从后颈点至侧颈点降低 0.5cm 自然翻折,翻折线止点为腰节线处。连接翻折线。

②后领口辅助线:过前侧颈点作一条与翻折线平行的线条,取其长度为后领口弧线长△=8.4cm。过端点作与该线垂直的线条,长度为 3cm,然后与侧颈点连接作为后领口辅助线,

取长度为后领口弧线长△。

③ 领后中线:垂直后领口辅助线作领子后中线,并按照样衣尺寸领座 3cm,领面宽 5cm。

④ 驳头:驳头缺嘴处参考样衣,领外围线长 20cm,领尖宽 7cm,如图 5-2-56 所示确定驳领造型。

3. 袖片驳样(图 5-2-58)

① 量取袖山高及袖长:测量得袖山高为 15.5cm,袖长为 58cm,画出基础线。

② 袖肥:根据前后衣片袖窿弧线长,在袖山顶点左右两端分别截取前 AH(21.6cm),后 AH+1(23.9cm)交于袖肥线,确定袖肥。

③ 大小袖片:根据测量数据,前大小偏袖为 3cm,后大小偏袖为 2cm。

④ 袖口:该西装袖口宽 10cm,根据样衣画大小袖。

⑤ 袖口翻边:该袖口翻边按照袖口形状裁制,宽度为 5cm,翻边比袖口一侧大 0.5cm,形状如图 5-2-58。

袖片具体驳样过程可参考本章节款式四的袖片驳样制图过程。

4. 口袋驳样(图 5-2-58)

① 袋口宽 10cm,袋深 10cm。

② 平分袋口线,从中点展开 4cm 的对褶量,如图 5-2-56 所示。

③ 口袋装于离开人中线 5cm,腰节线下 2cm,平行于前底摆。

七、马甲驳样

(一) 样衣概述

1. 款式特点(图 5-2-59)

图 5-2-59 马甲款式图

衣片:四开身合体马甲,两排 10 颗扣,腰下左右各一插袋,

设袋盖。下摆尖角,两层重叠。后中装腰襻。

领型:V 领型无领式。

总体造型:合体型马甲。

2. 面料

一般采用较挺括的棉麻布、化纤混纺、呢绒、羊毛,或者中厚型结构紧密的面料,如可选用涤棉或化纤防水涂层织物、棉华达呢等。本样衣为棉麻混纺面料。

面料:面布幅宽 150cm,用量 80cm。

(二)马甲成品测量部位及测量方法

1. 测量部位

(1)主要部位测量(图 5 - 2 - 60)

根据样衣特征,该马甲驳样所需测量主要部位包括图 5 - 2 - 60 所示 12 个,测量方法参见本章第一节上装部位测量。

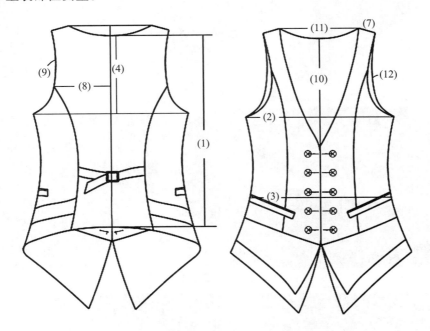

图 5 - 2 - 60　马甲主要测量部位

(1)后衣长　(2)胸围　(3)腰围　(4)袖窿深　(5)后横开领　(6)后直开领　(7)小肩宽　(8)背宽
(9)后袖窿弧长　(10)前直开领　(11)前横开领　(12)前袖窿弧长

(2)细节部位测量

根据样衣特征,需要测量的细节部位主要有后腰带长(宽)、公主线位置、下摆造型、装饰袋长(宽)、装饰袋位置、钮位等,细节部位测量见图 5 - 2 - 61～图 5 - 2 - 66。

图 5 - 2 - 61　后腰带长与宽　　　　　　　图 5 - 2 - 62　公主线位置

图 5 - 2 - 63　下摆造型

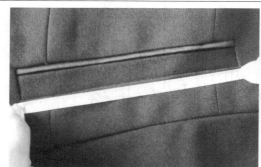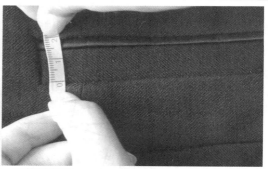

图 5 - 2 - 64　口袋长与宽

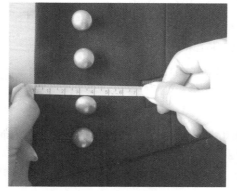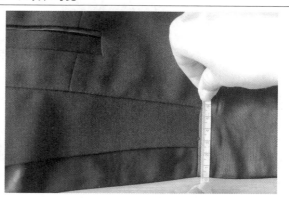

图 5 - 2 - 65　装饰袋位置　　　　　　　图 5 - 2 - 66　分割线尺寸

2. 马甲成品规格

号型:160/84A,单位:cm

部位	后中长	背长	前(后)腰围	前胸围	后胸围	袖窿深	前直/横开领
尺寸	47	38	41	46	47	23.5	35/11
部位	前肩斜	后直/横开领	后肩斜	小肩宽	背宽	前AH	后AH
尺寸	4.5:2.5	2.4/11.5	5:2.5	5	27	26.4	30.9
部位	后领圈	袖窿省	前腰省	后腰省	侧缝长	贴袋长	贴袋宽
尺寸	11.9	1.5	2	2.5	20.1	14.5	2

(三)马甲驳样

1. 衣片驳样(图5-2-67)

(1)前后衣片驳样制图框架画线

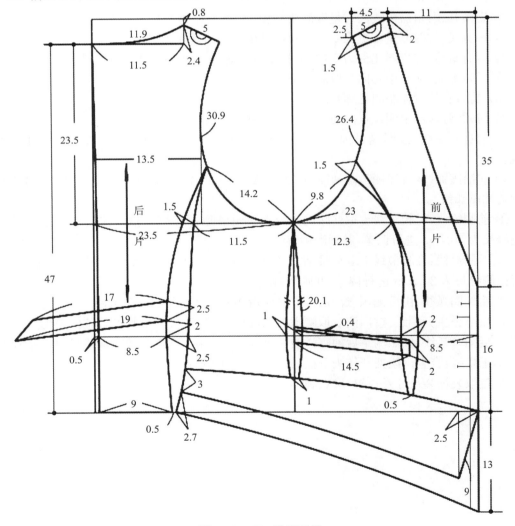

图 5-2-67 马甲驳样

① 前中线：首先画出基础直线。

② 上平线：垂直于前中线。

③ 后中线：与上平线垂直相交。

④ 后直开领：按照测量数据，由上平线下降 0.8cm，再向下量取 2.4cm，作为直开领深线。

⑤ 下平线：按照后中长尺寸 47cm 平行于上平线。

⑥ 腰节线：按照测量背长为 38cm，故腰节线自后颈点向下取 38cm。然后在腰部收腰 0.5cm，如图画后中线。

⑦ 袖窿深线：由后颈点向下量取 23.5cm，作为袖窿深线。

⑧ 前直开领：根据测量，前直开领为 35cm，由上平线向下量取 35cm，作为直开领深线。

⑨ 前横开领：由前中线与上平线的交点向左量取 11cm，作为横开领宽线。

⑩ 前肩斜线：按照测量肩斜比例为 4.5∶2.5，按小肩宽 5cm 由侧颈点开始量取，确定前肩端点。

⑪ 前胸围大：按照测量前胸围大 46cm，故由前中线取 23cm。

⑫ 后横开领：由后中线向右量取后横开领 11.5cm，作为横开领宽线。

⑬ 背宽线：按照测量背宽为 27cm，故由后中线向右量取 13.5cm。

⑭ 后肩斜线：按肩斜比例为 5∶2.5，按小肩宽 5cm 由侧颈点开始量取，确定后肩点。

⑮ 后胸围大：从后中心向右取后胸围/2＝23.5cm

(2) 前后衣片驳样制图轮廓画线

① 前领圈弧线：由侧颈点向前颈点画顺前领圈弧线。

② 前身公主线：按照测量前腰省为 2cm，袖窿省取 1.5cm，如图 5－2－67 画出前身公主线。

③ 前袖窿弧线：按照测量前袖窿弧长（前 AH）为 26.4cm，由前肩端点向袖窿深线调整并画顺前袖窿弧线。

④ 前侧缝线：在腰节线上取前腰围大/2＋2cm（省道）＝22.5。然后按图各点连接，根据测量侧缝长为 20.1cm 进行调整，并画顺侧缝线。

⑤ 后侧缝线：在腰节线上取后腰围大/2＋2.5cm（省道）＝23。然后按图各点连接，根据测量所得侧缝长为 20.1cm 进行调整，并画顺侧缝线。

⑥ 后领圈弧线：由后侧颈点向后颈点画顺后领圈弧线，弧长为 11.9cm。

⑦ 后身公主分割线：按照测量取腰省宽 2.5cm，如图 5－2－67 画出后身公主线。

⑧ 后袖窿弧线：按照测量后袖窿弧线长为 30.9cm，由肩端点向袖窿深线画顺袖窿弧线。

⑨ 下摆线：自叠门线处开始画下摆，如图 5－2－67 所示。

⑩ 量取装饰袋尺寸及位置，取点画线。

第三节　男装成品驳样实例

一、男西装驳样

（一）样衣概述

1. 款式特点（图 5－3－1）

（1）西装

衣片：三开身，两排 4 扣（两粒样钮），左前胸手巾袋一只，腰节下大袋两只，设袋盖。前片左右设胸腰省、袖窿省各一条，后衣片设背缝。

领型：戗驳领型。

袖型：两片式合体袖。

（2）西裤

腰型：装腰式直腰。

裤片：前裤片装门里襟。前腰口左右 2 个褶，后腰口左右各 1 个省，左右侧缝各装 1 个斜插袋，后裤片臀部两个插袋，裤腰装带襻五根。

总体造型：适身型西装裤套装。

2. 面料

面料选择范围较广，毛料、棉布、呢绒及化纤等面料均可采用。如法兰绒、华达呢、哔叽、直贡呢、凡立丁、派力司、单面华达呢、隐条呢、双面卡其等中厚型织物面料。本样衣为全毛凡立丁。

图 5－3－1　男西装款式图

用料：面布幅宽 150cm，用量 270cm。

里布幅宽 90cm，用量 360cm。

（二）男西装上衣驳样测量部位及测量方法

1. 测量部位

（1）主要部位测量（见图 5－3－2）

根据样衣特征，该上衣驳样所需主要部位包括图 5－3－3 所示 16 个，测量方法参见本章第一节上装测量方法。由于面料有一定的厚度，胸围、腰围、臀围部位都是在测量样衣尺寸后一周增加 1.0cm 余量。

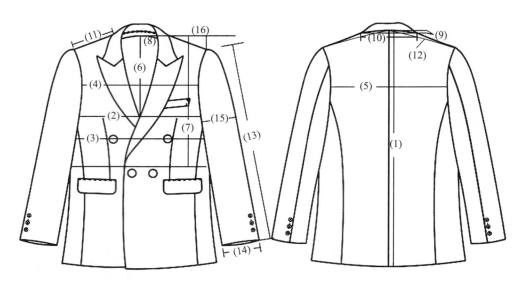

图 5-3-2　男西装主要测量部位示意

（1）后中衣　（2）胸围　（3）腰围　（4）胸宽　（5）背宽　（6）袖隆深　（7）前直开领　（8）前横开领　（9）后直开领　（10）后横开领　（11）小肩宽　（12）肩宽　（13）袖长　（14）袖口　（15）袖肥　（16）前肩斜比例

（2）细节部位测量

根据样衣特点分析，该男西装所需测量的细节部位主要有袋盖长（宽）、袋盖位置、左前胸贴袋长（宽）、贴袋位置、省长、省位、串口线、领嘴等，细节部位测量见图 5-3-3～图 5-3-6。

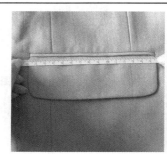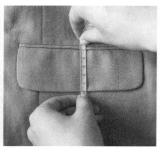

图 5-3-3　贴袋长与宽

图 5-3-4　贴袋位置

图 5-3-5　左前胸贴袋长

图 5-3-6　左前胸贴袋位置

图 5-3-7　胸省长

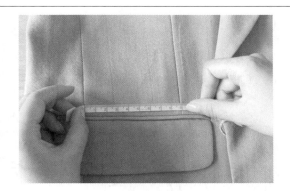

图 5-3-8　省间距

图 5-3-9　领子尺寸

2. 男西装上衣成品规格表

号型:180/92A,单位:cm

部位	后中长	前胸围	后胸围	总腰围	背长	袖窿深	胸宽	背宽
尺寸	78	54	58	100	46	27	39	44
部位	前直/横开领	小肩宽	前肩斜	肩宽	袖口大	口袋宽/长	后领围圈	领座
尺寸	54/11	15	15:5	46	15	5/15	10	2.5
部位	领面	前腰省	后腰省	后中省	袖肥	前大小袖偏	后直/横开领	袖长
尺寸	3.5	1	4	2.5	22.5	3.4	2.5/9.5	63

(三) 男西装驳样

1. 衣片驳样(图 5 - 3 - 10)

(1) 前后衣片驳样制图框架画线

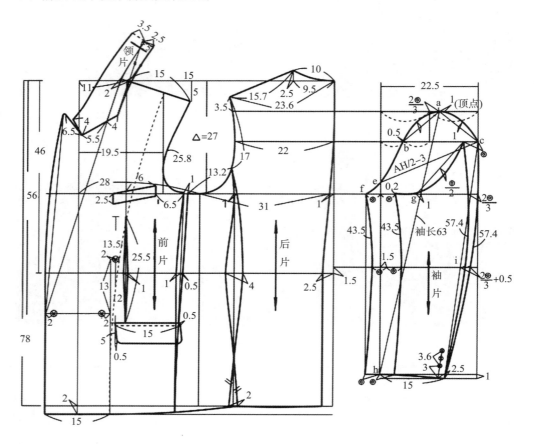

图 5 - 3 - 10　男西装驳样

① 前中线:首先画出基础直线。

② 上平线:垂直于前中线。

③ 下平线:按照测量后中长尺寸 78cm 平行于上平线。

④ 腰节线:自上平线向下量 46cm 至腰线。

⑤ 袖窿深线:由后颈点向下量取袖窿深 27cm,作为袖窿深线。

⑥ 前直开领:按照测量前直开领为 54cm,故在前中线由上平线向下量 54cm 作为直开领深线。

⑦ 前横开领:由前中线取撇门大 1.5cm,再向右量取横开领大 9.5cm,合计 11cm 作为横开领宽线。

⑧ 前肩斜线:该西装的肩斜比例为 15:5,按小肩宽 15cm 由侧颈点开始量取,确定前肩端点。

⑨ 前胸宽线:按照测量所得胸宽为 39cm,由前中心线向劈胸处侧缝方向量取 19.5cm 作

前胸宽线。

⑩ 前胸围大:按照前胸围/2 为 27cm,加上袖窿省 1cm,由前中线向右侧缝取 28cm 作垂线。

⑪ 后中线:与上平线和下平线垂直相交。

⑫ 后直开领:由上平线向上量取 2.5cm,作为直开领深线。

⑬ 后横开领:根据测量数据由后中线向左量取后横开领 9.5cm,作垂线为横开领宽线。

⑭ 后肩斜线:按照肩宽/2(23cm)+0.6cm(吃势)=23.6cm,由后颈点开始量取,与小肩宽 15cm+0.7cm(归拢量)=15.7cm 相交确定后肩端点。

⑮ 后胸围大:按照测量所得后胸围的/2=29cm,加上 1cm 省量、1cm 后背劈量,由后中线向左量取 31cm 作垂线。

⑯ 背宽线:按照测量背宽为 44cm,由后中线量取 22cm 作垂线。

(2) 前后衣片驳样制图轮廓画线

① 前身省:按照腰省宽为 1cm,省长 25.5cm,如图 5-3-10 画出前身腰省。

② 前袖窿弧线:由前肩端点向袖窿深线画顺前袖窿弧线。

③ 下摆线:自下摆直线下降 2cm,按样衣起翘及摆围,自叠门线处开始画顺下摆线。

④ 后领圈弧线:按照测量后领圈弧长为 10cm,由后侧颈点向后颈点画顺后领圈弧线。

⑤ 后中线:按照后中省为 2.5cm,在腰节线上撇进 2.5cm,如图 5-3-10 画出后中线。

⑥ 后袖窿弧线:如图 5-3-10 所示,由肩端点向袖窿深线画顺袖窿弧线。

⑦ 侧缝线:在腰节线上,分别量取前片,侧片及后片长度,做三开身分割线如图 5-3-10。

⑧ 下摆线:按照样衣起翘及摆围,自后中线处开始画顺下摆线。

2. 翻驳领驳样(图 5-3-10)

此款领子属于戗驳领,具体制图方法可参见本章第二节第六款女西装领片驳样制图。根据实物量取所得领座高 2.5cm,领面宽 3.5cm,领尖宽 4cm,驳领角宽 6.5cm,做出翻驳领如图 5-3-10 所示。

3. 袖片驳样(图 5-3-10)

① 基础线:如图 5-9-10 所示,沿后袖窿弧线向下 3.5cm 处作上平线的平行线并延长作为大袖片的上平线。延长背宽线作为小袖片的上平线。

② 袖肘线:衣片腰线上抬 1.5cm 做水平线作为袖片的肘线。

③ 袖肥:按照袖肥为 22.5cm 作垂线交于上平线。

④ 袖长:过上平线的中点向后侧偏 2◎/3 设为点 a,◎=3.4cm 为测量所得的前大小袖偏,过点 a 取袖长为 63cm 线段截左垂线于一点,过该点做水平线,该平行线即为下平线。

⑤ 大袖袖山弧线:过上平线中点作垂线交背宽长延长线于一点,作该点到左垂线的平分线,并向左偏移 0.5cm 设为点 b。过点 c 取长度为 AH/2-3cm 的线段截左垂线于点 e,此西装总 AH 为 56cm,故截取 25cm 线段确定 e 点。从左垂线出发沿胸围线向左取长度为◎作为点 f。如图 5-3-10 所示依次连接点 c、a、b、e、f,画顺大袖袖山弧线。

⑥ 小袖袖山弧线:从 c 点水平向左取距离为◎的点,与 g 点相连。如图 5-3-10 画顺袖山弧线。

⑦ 袖口:下平线向下作间距 1cm 的平行线,从 h 点出发取袖口长度 15cm 截该平行线于

一点,连接该点与c点交肘线于i点。如图5-3-10画顺袖口弧线。

⑧ 袖侧缝:过i点沿肘线向右取长度为2◎/3+0.5cm的点,测量所得后袖侧缝长为57.4cm,前袖侧缝长43.5cm,调整并画顺前后袖侧缝。

(四)男西裤成品测量部位及测量方法

1. 测量部位(图5-3-11)

根据样衣特征,该西裤驳样所需测量主要部位包括图5-3-11所示12个,测量方法参见本章第一节下装部位测量。由于面料有一定的厚度,腰围、臀围部位都是在测量样衣尺寸后一周增加1.0cm余量。

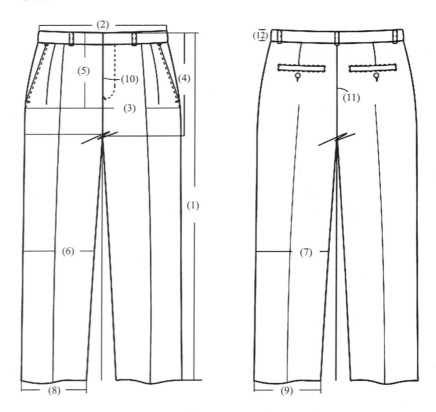

图5-3-11　男西裤主要测量部位示意

(1)裤长　(2)腰围　(3)臀围　(4)直裆　(5)腰长　(6)前中裆　(7)后中裆　(8)前裤口　(9)后裤口
(10)前浪　(11)后浪　(12)腰头宽

(2) 细节部位测量

根据样衣特征分析,该西装裤所需测量的细节部位主要由腰襻长(宽)、腰襻位置、门襟长(宽)、侧缝袋规格、后袋长(宽)、后袋位置等,细节部位测量见图5-3-12～图5-3-17。

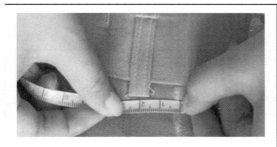

图 5 - 3 - 12　腰襻宽

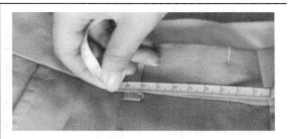

图 5 - 3 - 13　腰襻位置

图 5 - 3 - 14　门襟宽

图 5 - 9 - 15　侧缝袋尺寸

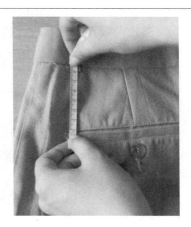

图 5 - 3 - 16　后贴袋位置

图 5 - 3 - 17　后贴袋长与宽

2. 西裤成品规格

号型:180/72A,单位:cm

部位	裤长	前腰围	后腰围	前臀围	后臀围	直裆	臀高	前横裆宽	后横裆宽	前中裆宽
尺寸	110	34	42	49	53	25	17	30	36.5	26
部位	后中裆宽	前降	后腰起翘	前腰褶量1	前腰褶量2	褶间距	褶缝合长度	侧袋长	前脚口宽	后脚口宽
尺寸	30	0.5	2.5	3	2	3	4	16	20	24
部位	后袋离腰口	侧袋距侧缝	后裆线斜度	后腰省量	腰头宽	腰头长	门襟贴边宽	门襟贴边长	前浪长	后浪长
尺寸	6	2.6	14°	1.5	3.5	82	5	16	28	32.5

(五)男西裤驳样

1. 裤片驳样(图 5-9-18)

(1)前裤片驳样制图框架画线

① 作前侧缝直线:首先作出基础竖线。

② 腰辅助线:与前侧缝直线垂直相交。

③ 裤口线:取裤长减去腰头宽＝106.5cm,与腰辅助线平行。

④ 横裆线:由腰辅助线向下量取直裆长 25cm。

⑤ 臀围线:由腰辅助线向下量至臀部宽度最大的部位,一般取 2/3 直裆长度,该男西装裤臀围线在腰线下 17cm 处。

⑥ 中裆线:由臀围线至裤口线之间的等分线作水平线为中裆线。

⑦ 前裆直线:按照测量前臀围为 49cm,故在臀围线上以前侧缝直线为起点向左取 24.5cm 作垂线。

⑧ 前裆宽线:按照测量前横裆宽为 30cm,故在横裆线上以前侧缝直线偏左 0.5cm 为起点,向左取 30cm 作垂线。

⑨ 前挺缝线:按照前横裆大的 1/2 作平行于侧缝直线的竖线。

(2)前裤片驳样制图轮廓画线

在框架画线的基础上完成驳样制图轮廓画线,顺序如下:

⑩ 作前腰:按照前腰围/2(17cm),加上 6cm(3.5＋2.5)褶量,共计 23cm。从腰辅助线的左端点向右偏 1cm,并下降 0.5cm,截取 23cm 交于腰辅助线,连接画顺前腰。

⑪ 作前裆弯线:连接前腰左侧端点、臀围左端点及裆宽线左端点,画顺前裆弯线,按照样衣测量的前浪长 28cm,调整前浪。

⑫ 前脚口大:按照测量前脚口宽为 20cm,故在裤口线和挺缝线的交点左右各取 10cm 为前脚口宽。

⑬ 前中裆宽:该西裤中裆宽为 26cm,故在中裆线上以挺缝线为中点取 26cm。

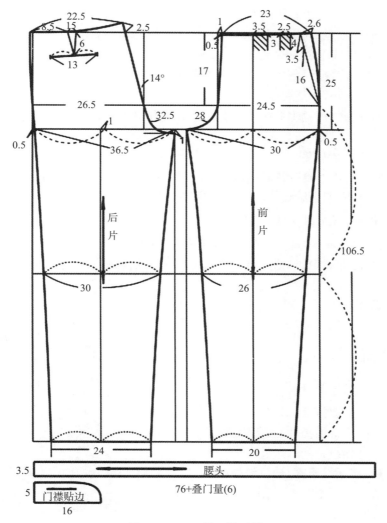

图 5 - 3 - 18　男西裤驳样

⑭ 连顺侧缝线与裆下缝线:按样衣特征连接各点,画顺侧缝线与裆下缝线。

⑮ 前片插袋袋位:按样衣测量作插袋的驳样图。

(3)后裤片驳样制图框架画线

①～⑥画线方法,画线顺序与前裤片相同,按后裤片具体尺寸作图。

⑦ 后裆直线:按照测量后臀围为 53cm,故在臀围线上以后侧缝直线为起点向左取 26.5cm 作垂线。

⑧ 后裆宽线:按照测量后横裆宽为 36.5cm,故在横裆线上以后侧缝直线为起点,向左偏 0.5cm 后取 36.5cm 作垂线。

⑨ 后挺缝线:后裤片烫迹线按后横裆大的 1/2 向外侧缝偏移 1cm。

⑩ 后裆缝斜线:在后片横裆线上,以后裆直线为起边,取角度 14°,作后裆缝斜线。

⑪ 新后裆宽线:在前裆宽线的基础上下降 1cm。

(4)后裤片驳样制图轮廓画线

该部分是在框架画线的基础上进行的,轮廓画线的顺序如下:

⑫ 作后腰:向上顺延后裆缝斜线 2.5cm 作为后翘,以此为起点,按 23cm(后腰围 21cm＋褶量 1.5cm)在腰辅助线上取左端点,连接画顺后腰。

⑬ 作后裆弯线:连接后腰右侧端点、臀围右端点及裆宽线右端点,画顺后裆弯线,按照样衣测量的后浪长 32.5cm,调整后浪。

⑭ 后脚口大:该西裤后脚口 24cm,故在裤摆线和挺缝线的交点左右各取 12cm 为后脚口宽。

⑮ 后中裆宽:在后中裆线上取 30cm。

⑯ 连顺侧缝线与裆下缝线:按样衣特征连接各点,画顺侧缝线与裆下缝线。

⑰ 后袋位:按样衣测量后袋的尺寸及位置驳样。

2. 腰头、门襟驳样(见图 5-3-18)

① 腰头:按照测量所得,取腰头长 76cm＋叠门量(6cm),腰头宽为 3.5cm。

② 门襟贴边:门襟长 16cm,宽 5cm,如图 5-3-18 所示画顺门襟弧线。

二、男风衣驳样

(一)样衣概述

1. 款式特点(图 5-3-19)

衣片:前衣片门襟双排 8 扣,口袋为斜插袋;前片左右上部各装覆势一片;后背设搭片;腰部设腰带。

领型:翻领与立领组合。

袖型:插肩袖,肩部设肩襻,袖口设袖襻。

总体造型:衣身造型较宽松,系腰带,坚实感,是男士春秋季日常穿着的风衣。

2. 面料

面料一般采用中厚型结构紧密、有防风功能的面料制作,可选用华达呢、马裤呢,如用于防风防雨,也可选用经过防水处理的棉华达呢、涤棉或化纤的防水涂层织物,如雨衣布等。本样衣为防水处理的棉华达呢面料。

用料:面布幅宽 160cm,用量 210cm。

(二)男风衣成品测量部位及测量方法

1. 测量部位

(1) 主要部位测量(图 5-3-20)

根据样衣特征,该大衣驳样所需测量的主要部位包括图 5-3-20 所示 16 个,测量方法参见本章第一节。由于面料有一定的厚度,胸围、腰围、臀围部位都是在测量样衣尺寸后一周增

图 5-3-19　男风衣款式图

加 1.0cm 余量。

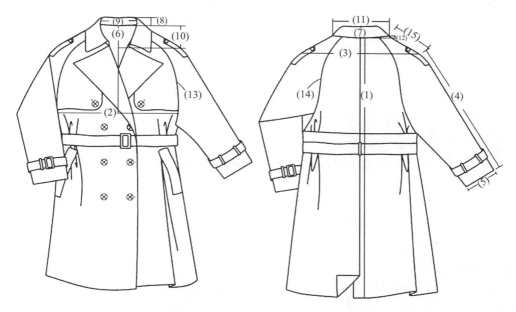

图 5－3－20　男风衣主要测量部位示意

(1) 衣长　(2) 胸围　(3) 肩宽　(4) 袖长　(5) 袖口　(6) 袖隆深　(7) 领面　(8) 领座　(9) 前横开领
(10) 前直开领　(11) 后横开领　(12) 后直开领　(13) 前袖隆长　(14) 后袖隆长　(15) 小肩宽　(16) 肩斜比例

(2) 细节部位测量

根据样衣特点分析,该男式大衣所需测量的细节部位较多,主要有斜插袋长(宽)、后开衩长(宽)、领座造型、前胸搭片、肩襻长(宽)、袖襻袖带长(宽)、后背搭片、前门襟宽等,细节部位测量见图 5－10－3～图 5－10－14。

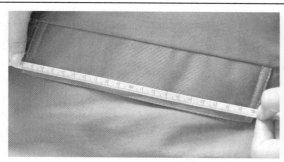

图 5－3－21　斜插袋长与宽

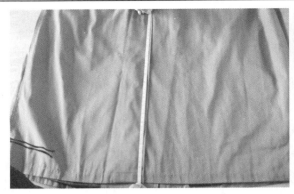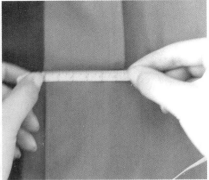

图 5 - 3 - 22　后开衩长与宽

图 5 - 3 - 23　插肩袖分割线位置

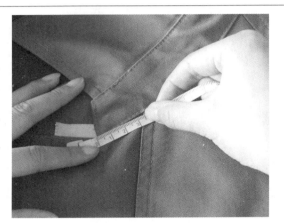

图 5 - 3 - 24　领座造型

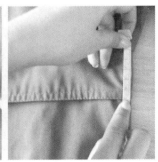

图 5 - 3 - 25　前胸搭片尺寸

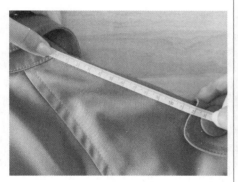

图 5 - 3 - 26　肩宽

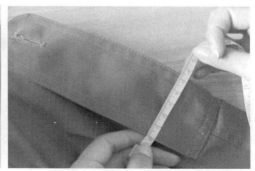

图 5 - 3 - 27　肩襻长与宽

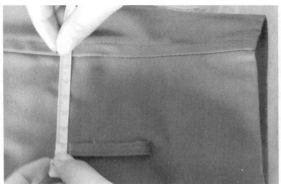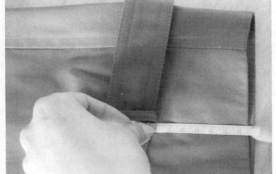

图 5 - 3 - 28　袖襻位置

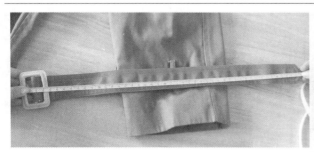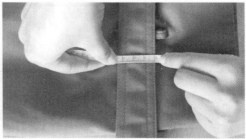

图 5 - 3 - 29　袖带长与宽

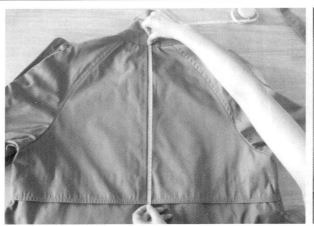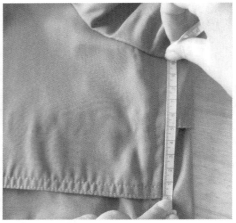

图 5 - 3 - 30   后背搭片尺寸

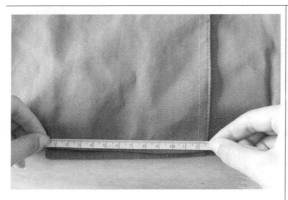

图 5 - 3 - 31   门襟宽

图 5 - 3 - 32   翻领尺寸

2. 男风衣成品规格

号型:175/92A,单位:cm

部位	后中长	前胸围大	后胸围大	袖窿深	前直/横开领	后直/横开领	肩宽	领座高
尺寸	114	66	62	30	9.5/9.8	2/9.8	47	4
部位	前肩斜	小肩宽	前摆大	后摆大	前(后)袖肥	袖山高	叠门宽	领大
尺寸	13.4:4.5	13.5	70	68	23.5	18	8.5	46
部位	后领圈	领面宽	领座宽	袖长	前(后)袖口宽	侧缝长	肩襻长/宽	前领高
尺寸	10.2	6	4	70	17	83	19/5.5	3.5
部位	后衩长	后衩宽	上/下钮距边	口袋大	袋口宽	腰带长/宽	袖襻长/宽	
尺寸	45	5	14/45	19.5	5	150/5	45/3.5	

(三) 男风衣驳样

1. 衣片驳样(图 5-3-33)

(1) 前后衣片驳样制图框架画线

① 后中线:首先画出基础直线后中线。

② 下平线:垂直于后中线作上平线。

③ 后颈点线:按照实物后中长尺寸 114cm 平行于下平线。

④ 袖窿深线:按照测量数据,后直开领为 2cm,由后颈点线抬高 2cm 确定上平线,再由后颈点向下量取 30cm,作为袖窿深线。

⑥ 止口线:垂直上平线作前中线,由前中线取叠门宽为 8.5cm。

⑦ 前胸围宽:按照测量前胸围为 66cm,故由前中线向左取 33cm。

⑧ 前直开领:按照测量尺寸,由前中线与上平线的交点向下量取 9.5cm,作为直开领深线。

⑨ 前横开领:撇胸 1.7cm 后,按照前横开领尺寸,由前中线与上平线的交点向左量取 9.8cm,作为横开领宽线。

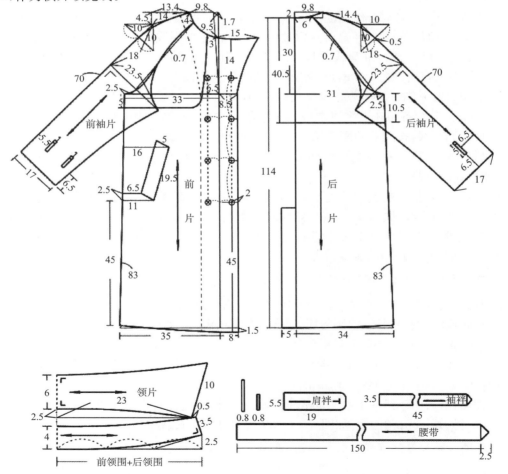

图 5-3-33　男大衣驳样

⑩ 前肩斜线:按照测量数据,肩斜比例13.4:4.5,按小肩宽14cm由侧颈点开始量取,确定前肩点。

⑪ 前片搭片:根据样衣前搭片底边自胸围线向下5cm量取。

⑫ 后横开领:由后中线与上平线的交点量取后横开领9.8cm,作为横开领宽线。

⑬ 后肩宽线:从后颈点量肩宽/2(23.5cm)+0.5cm(吃势)=24cm向肩端方向截取,与从侧颈点向肩端方向量取小肩宽14cm+0.4cm(归拢量)=14.4cm相交确定后肩端点。

⑭ 后胸围宽:按照测量后胸围62cm,故由后中线向右取31cm作垂线。

⑮ 后背搭片:根据样衣后背搭片下边缘自胸围线向下量取10.5cm。

⑯ 前摆围大:由前中心取前摆大/2=35cm。

⑰ 后摆围大:由后中心取后摆大/2=34cm。

(2)前后衣片驳样制图轮廓画线

① 前领圈弧线:由侧颈点向前颈点画顺前领圈弧线,。

② 前侧缝线:在下摆线上取前摆大/2=35cm,与袖窿点连接成侧缝线。按照样衣侧缝长83cm,调整并画顺侧缝线。

③ 前下摆线:前降1.5cm,按样衣挂面的上下宽度画前门襟,在下摆直线上按样衣特征自叠门线处开始画顺下摆线。

④ 前插肩袖:从肩端点作长度各为10cm的水平与垂直两条线,并连接两点,过该线的中点画袖中线,取袖长70cm。距肩端点取袖山高18cm作袖中线的垂线,量取袖肥23.5cm。在前领圈上距侧颈点4cm画插肩线(图5-3-33),与袖窿及袖肥线分别相交,并使得两线相等。然后垂直袖中线画袖口大17cm,最后用圆顺的线条连接袖下缝线。

⑤ 钮位:按照样衣尺寸,边扣距离止口2cm,上钮自上边缘向下14cm,下钮位自下摆直线向上取45cm。其余各钮在上下钮之间平分。另一排扣以人中线为中心平分。

⑥ 后领圈弧线:按照后领圈弧长为10.2cm调整并画顺弧线。

⑦ 后侧缝线:在下摆线上取后摆大/2=35cm,与袖窿点连接成侧缝线,按照样衣侧缝长83cm,调整并画顺侧缝线。

⑧ 后插肩袖:从肩端点作长度各为10cm的水平与垂直两条线,并连接两点,过该线的中点抬高5cm画袖中线,取袖长70cm。距肩端点取袖山高18cm作袖中线的垂线,量取袖肥23.5cm。在后领圈上距后颈点6cm画插肩线(如图5-3-33),与袖窿及袖肥线分别相交,并使得两线相等。然后垂直袖中线画袖口大17cm,最后用圆顺的线条连接袖下缝线。

2.男风衣领片驳样制图(见图5-3-33)

① 基础线:画水平线,长度为前后领围之和。右端点作垂线,作为前中线。

② 领底弧线:按照测量,领座起翘2.5cm,连接起翘点跟水平线左端,按图5-3-33所示,在第一个三等分点处开始起翘,画顺弧线。

③ 领座:沿后中线向上4cm,领头部作起翘线的重线,高度为3.5cm。如图5-3-33所示画顺领座弧线,并适当调节领子起翘量使领大尺寸为23cm。

④ 领面:沿后中垂线往上取2.5cm,控制领子与领座缝合的装领弧线的曲率,使两条装领弧线长度一致,取6cm领面宽,如图5-3-33所示对照样衣画顺领面形状。

3.男风衣腰带等细节部位驳样制图(见图5-3-33)

① 肩襻:按照测量所得肩襻长19cm,宽5.5cm作图。

② 袖襻:按照测量所得袖襻长 45cm,宽 3.5cm 作图。

③ 腰头:按照测量所得腰头宽 5cm,长 150cm＋叠门量(2.5cm)作图。

三、男衬衫驳样

(一) 样衣概述

1. 款式特点(图 5－3－34)

领型:男式衬衫领,尖角型。

衣片:前片门襟钉钮 7 粒,左胸袋一只。肩线前移,后片有育克(覆势),育克下左右做褶。

袖型:一片式衬衫袖,装克夫。

总体造型:宽松型平直上衣

2. 面料

该款男衬衫面料选择比较广,全棉、亚麻、化纤、混纺等薄型面料均可采用。如青年棉布、老粗布、色织、提花布、牛津布、条格平布、细平布等薄型面料。本样衣为全棉布。

用料:面布幅宽 160cm,用量 150cm。

图 5－3－34　男衬衫款式图

(二) 男式衬衫成品测量部位及测量方法

1. 测量部位

(1) 主要部位测量(图 5－3－35)

根据样衣特征,该衬衫驳样所需主要部位包括图 16 个(图 5－3－35),测量方法参见本章第一节上装部位测量方法。

(2) 细节部位测量

根据样衣分析,需测量的细节部位主要有袖克夫长(宽)、袖衩长(宽)、褶量、褶位、褶间距、下摆起翘、贴袋尺寸、贴袋位置、门襟宽、钮位等,细节部位测量见图 5－3－36～图 5－3－41。

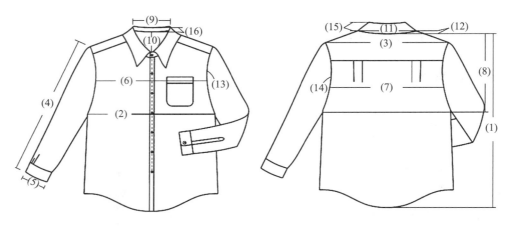

图 5 - 3 - 35 男式衬衫主要测量部位示意

（1）衣长 （2）胸围 （3）肩宽 （4）袖长 （5）袖口 （6）胸宽 （7）背宽 （8）袖窿深 （9）前横开领
（10）前直开领 （11）后横开领 （12）后直开领 （13）前袖窿长 （14）后袖窿长 （15）领面 （16）领座

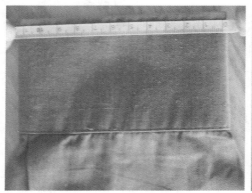
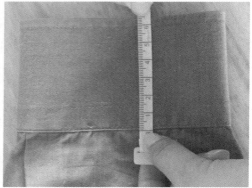

图 5 - 3 - 36 袖克夫长与宽

图 5 - 3 - 37 袖衩长与宽

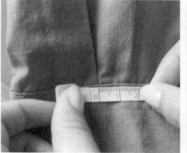

图 5 - 3 - 38　袖口褶位

图 5 - 3 - 39　袖口褶量

图 5 - 3 - 40　前下摆起翘

用直尺连接两边侧缝底点，从中线底点量至与直尺的交点。

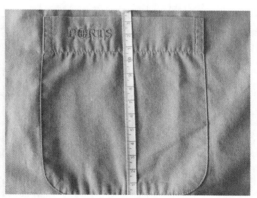

图 5 - 3 - 41　贴袋长与宽

2. 男式衬衫成品规格

部位	后中长	前(后)胸围	胸宽	背宽	袖窿深	前直/横开领	后直/横开领	前肩斜	小肩宽
尺寸	79	58	44	45	29.2	8.5/7.9	2.4/8.2	18:5.5	18.5
部位	前领圈	后领圈	前 AH	后 AH	袖 长	袖山高	门襟宽	领围	后背褶
尺寸	12.8	8.7	28	28.8	60	16.7	3.5	41	2.5
部位	过肩宽	育克宽	口袋长	口袋宽	领座高	领面宽	叠门宽	前(后)摆大	侧缝长
尺寸	3.5	9	12	13	3	4.5	1.75	59	40.5
部位	袖山高	袖克夫宽	袖克夫长	宝剑头长	袖口褶大	袖口褶个数	袖衩长	袖衩离袖下缝	领尖长
尺寸	15	6.5	26	15	3	2	14	6	7.7

(三)男衬衫驳样

1. 衣片驳样(图 5-3-42)

(1) 前后衣片驳样制图框架画线

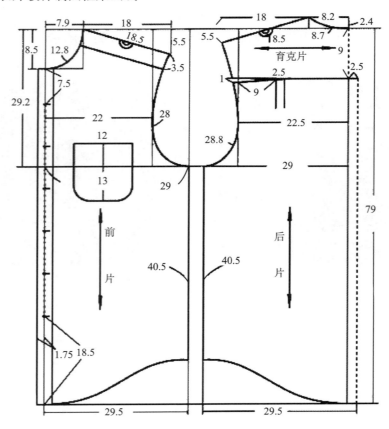

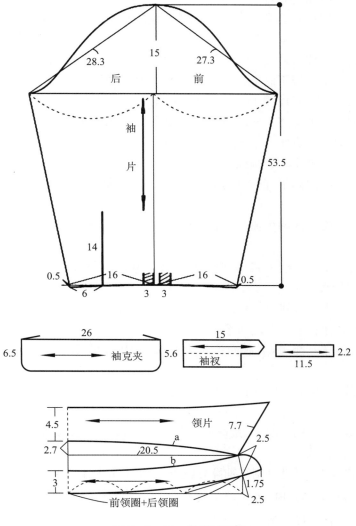

图 5 - 3 - 42 男衬衫驳样

① 前中线:首先画出基础直线。

② 上平线:垂直于前中线。

③ 下平线:按照后中长尺寸 79cm 平行于上平线。

④ 后中线:与上平线和下平线垂直相交。

⑤ 袖窿深线:按袖窿深测量值为 29.2cm,由上平行线向下量取 29.2cm,作为袖窿深线。

⑥ 止口线:按照样衣尺寸由前中线取叠门宽为 1.75cm,明门襟宽 3.5cm。

⑦ 前胸围大:按照测量前胸围为 29cm,在胸围线上由前中线量取 29cm。

⑧ 前直开领:按照测量前直开领深 8.5cm,由上平线向下量取 8.5cm,作为直开领深线。

⑨ 前横开领:由前中线量取前横开领的 7.9cm,作为前横开领。

⑩ 前肩斜线:按照前肩斜比例 18:5.5,按小肩宽 18.5cm 由侧颈点开始量取,确定前肩点。

⑪ 胸宽线:按照测量前胸宽为 44cm,由前中心线量取 22cm 作垂线作为胸宽线。

⑫ 后胸围大:按照样衣后胸围为 29cm,故在胸围线上由后中线取 29cm 作垂线(不包含褶量)。

⑬ 后横开领:按照样衣,由后中线量取后横开领 8.2cm,作为后横开领。

⑭ 后直开领:由上平线下向上量取 2.4cm,作为直开领深线。

⑮ 后肩斜线:按照肩斜比例 18:5.5,按小肩宽 18.5cm 确定后肩点。

⑯ 背宽线:测量所得背宽 45cm,由后中线量取 22.5cm 作垂线。

⑰ 后育克片:取育克宽 9cm 作与后中线垂直的线条。

(2)前后衣片驳样制图轮廓画线:

① 前领圈弧线:按照测量,前领圈弧长为 12.8cm,由侧颈点向前颈点调整并画顺前领圈弧线。

② 前袖窿弧线:按照前袖窿弧长(前 AH)为 28cm,由前肩端点向袖窿深线调整并画顺前袖窿弧线。

③ 前下摆线:在下摆直线上,量取摆大/2=29.5cm,按照测量数据侧缝长为 40.5cm,自叠门线处开始画顺圆摆线。

④ 钮位:上钮在人中线线上,直开领深线向下 7.5cm。下钮位在人中线上,自下摆直线向上取 18.5cm,其余各钮在上下钮之间平分。

⑤ 后领圈弧线:按照测量,后领圈弧长为 8.7cm,由侧颈点向后颈点调整并画顺后领圈弧线

⑥ 后袖窿弧线:按照后袖窿弧长(后 AH)为 28.8cm,由后肩端点向袖窿深线调整并画顺后袖窿弧线。

⑦ 前后下摆线:在下摆直线上,量取摆大/2=29.5cm,按照测量数据侧缝长为 40.5cm,自后中线处开始画顺圆摆线。

⑧ 后育克分割线:在育克分割线袖窿处收省 1cm 作弧线分割线。

2. 男式衬衫袖片驳样制图(图 5-3-42)

(1)男式衬衫袖片驳样制图

① 袖长:按照样衣,袖长-袖克夫(6.5cm)=53.5cm 作竖直线。

② 袖山高:测量所得袖山高为 15cm,水平作袖肥线。

③ 袖肥:确定袖山顶点后,从袖山顶点出发左右两边分别用前袖山斜线长=前 AH(28cm)-0.7cm=27.3cm、后袖山斜线长=后 AH(28.8cm)-0.5cm=28.3cm 截于袖肥线,确定袖肥。

④ 袖山弧线:参照样衣如图 5-3-42 画顺袖山弧线。

⑤ 袖口线:平分袖肥,过中点交于袖口线,左右各取 16cm,连接袖侧缝。侧缝延长 0.5cm,画顺袖口线。

⑥ 袖衩:按照样衣,从后袖下缝出发向右 6cm 处作 14cm 长的袖衩,按实际测量部位作 2 个 3cm 的褶。

(2)男式衬衫袖克夫及袖衩驳样制图

袖克夫及袖衩驳样见图 5-3-42。

3. 男式衬衫领片驳样制图(图 5-3-42)

① 基础线:画水平线,长度为测量所得的前后领围之和。右端点作垂线,作为前中线。

② 领底弧线:按照测量领座起翘 2.5cm,按图 5-3-42 所示,在第一个三等分点处开始起翘,画顺弧线,并延长 1.75cm 叠门量。

③ 领座:按照样衣领座宽为 3cm,在水平线左端做垂线,作为后中线。沿后中线向上3cm,如图 5-3-41 所示画顺领座弧线,领大控制在 20.5cm,作水平线交于后中线,在交点处向上取 2.7cm,调整并画顺弧线 a 与 b。

④ 领面:按照样衣沿后中线再向上取 4.5cm 宽的领面,如图 5-3-42 所示对照样衣画顺领面形状。

四、男式牛仔裤驳样

(一) 样衣概述

1. 款式特点(图 5-3-43)

腰型:中腰型装腰式。

裤片:裤腿直筒,平脚口,腰口无褶裥,两侧各一月亮袋,右袋设方形贴袋。后身臀部有育克,左右臀部各一只尖角大贴袋。前中开襟处装缝拉链,裤腰上装裤带襻五根。

总体造型:宽松男式牛仔长裤。

2. 面料

弹力牛仔布。

图 5-3-43　男式牛仔裤款式图

（二）男式牛仔裤成品测量部位及测量方法

1. 测量部位

（1）主要部位测量（图5-3-44）

根据样衣特征，该牛仔裤驳样所需测量的主要部位13个（图5-3-44），测量方法参见本章第一节下装测量。由于面料有一定的厚度，腰围、臀围部位都是在测量样衣尺寸后一周增加1.0cm余量。

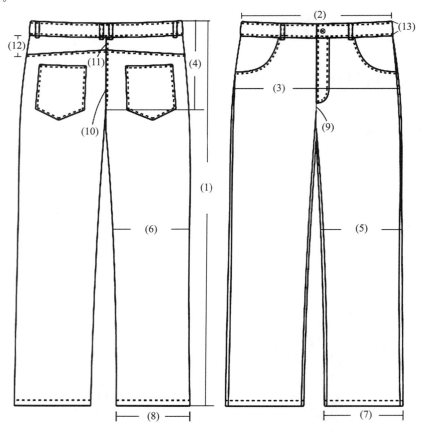

图5-3-44 男式牛仔裤驳样主要测量部位

（1）裤长 （2）腰围 （3）臀围 （4）直裆 （5）前中裆 （6）后中裆 （7）前裤口 （8）后裤口 （9）前浪
（10）后浪 （11）育克后中长 （12）育克侧缝长 （13）腰头宽

（2）细节部位测量

根据样衣特征，需要测量的细节部位主要有后贴袋、前月亮袋尺寸、前小贴袋尺寸、腰襻、育克等，细节部位测量见图5-3-45～图5-3-48。

图 5 - 3 - 45　后贴袋长与宽

图 5 - 3 - 46　育克尺寸

图 5 - 3 - 47　前月亮袋

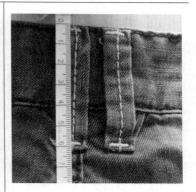

图 5 - 3 - 48　腰襻尺寸

2. 男式牛仔裤成品规格表

号型:175/80A,单位:cm

规格 \ 部位 \ 型号	裤长	前腰围	后腰围	前臀围	后臀围	直裆	前横裆宽
	107	44	40	51	57	24.5	29.5
175/80A	后横裆宽	后腰起翘	后裆线斜度	前浪长	后浪长	侧缝线长	裆下缝线长
	37	2.5	14°	25	35.5	103.5	78.2
	后腰省	前中裆宽	后中裆宽	前/后裤口	腰头宽	后袋大上/下	后袋长
	1.5	21	27	19/25	4	17/15	19.5

(三) 男式牛仔裤驳样

1. 裤片驳样(见图 5 - 3 - 49)

(1) 前裤片驳样制图框架画线:

① 作前侧缝直线:首先作出基础竖线。

② 腰辅助线:与前侧缝直线垂直相交。

③ 裤口线:按照测量裤长—腰头=103cm,作与腰辅助线平行的线。

④ 横裆线:按照测量直裆为 24.5cm,由腰辅助线向下量 24.5cm,取直裆长。

⑤ 臀围线:由腰辅助线向下取 2/3 直裆(16cm)作为臀围线。

⑥ 中裆线:由臀围线至裤口线之间的平分线作水平线为中裆线。

⑦ 前裆直线:在臀围线上取前臀围/2=25.5cm,以前侧缝直线为起点,除去 0.5cm 劈势后取 25.5cm,平行于前侧缝直线。

⑧ 前横裆宽线:在横裆线上以前侧缝直线为起点,取前裆宽为 29.5cm。

⑨ 前挺缝线:按前横裆大的 1/2 作平行于侧缝直线的竖线。

(2) 前裤片驳样制图轮廓画线

在框架划线的基础上完成驳样制图轮廓划线,顺序如下:

⑩ 作前腰:从腰辅助线的左端点向右偏 1cm,并下降 0.5cm,按前腰围/2+0.5(归拢量)=22.5cm。连接画顺前腰。

⑪ 作前裆弯线:连接前腰左侧端点、臀围左端点及裆宽线左端点,画顺前裆弯线,按照样衣测量的前浪长 25cm,调整前浪。

⑫ 前脚口大:根据样衣前裤脚口为 19cm,故在裤摆线和挺缝线的交点左右各取 9.5cm 为前脚口宽。

⑬ 前中裆宽:根据测量数据,在中裆线上取前中裆宽 21cm。

⑭ 连顺侧缝线与裆下缝线:按照样衣测量的侧缝长 103.5cm、裤裆下缝长 78.2cm,调整并画顺侧缝线与裤裆下缝线。

⑮ 前片插袋和贴袋袋位:按样衣特征测量插袋与贴袋的尺寸,如图 5 - 3 - 49 作图。

(3) 后裤片驳样制图框架画线

①～⑥画线方法,画线顺序与前裤片相同,按后裤片具体尺寸作图。

⑦ 后裆直线:在臀围线上取后臀围/2=28.5cm,以后侧缝直线为起点,取 28.5cm,平行于后侧缝直线。

⑧ 后横裆宽线:在横裆线上以后侧缝直线为起点,除去 0.5cm 劈势后取后裆宽为 35cm。

⑨ 后挺缝线:按后横裆大的 1/2 往侧缝移 1cm,作平行于侧缝直线的竖线。

⑩ 后裆缝斜线:根据后裆缝斜线测量数据,在后片横裆线上,以后裆直线为起边,取角度 14°,作后裆缝斜线。

⑪ 新后裆宽线:在后裆宽线的基础上下降 1cm。

(4) 后裤片驳样制图轮廓画线

该部分是在框架画线的基础上进行的,轮廓画线的顺序如下

⑫ 作后腰:取后腰起翘 2.5cm,后腰围大为后腰围/2+1.5cm+0.5 cm(归拢量)=22cm,自腰辅助线向上顺延后裆缝斜线 2.5cm 为后腰起点,在腰辅助线上取后腰围大,连接画顺后

腰,其中1.5cm省道转移至后横剖缝中。

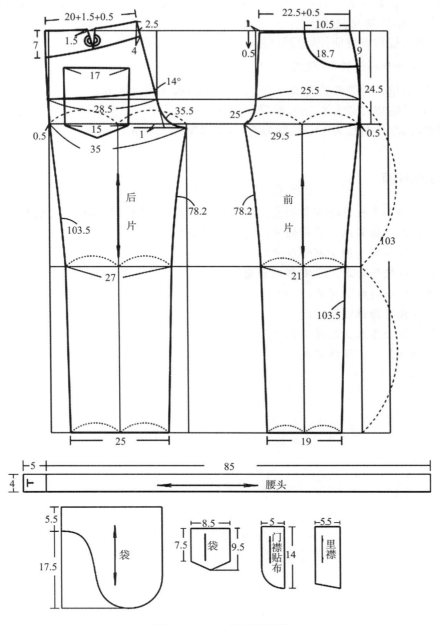

图 5－3－49　牛仔裤驳样

⑬ 作后裆弯线:连接后腰侧缝端点、臀围侧端点及裆宽线侧端点,画顺后裆弯线。按照样衣测量的后浪长 35.5cm,调整后浪。

⑭ 后脚口大:测量所得后脚口宽为 25cm,在裤口线和挺缝线的交点左右各取 12.5cm 为后脚口宽。

⑮ 后中裆宽:在后中裆处,取后横裆为 27cm。

⑯ 连顺侧缝线与裤裆下缝线:按照样衣测量的侧缝长 103.5cm、裤裆下缝长 78.2cm,调整

并画顺侧缝线与裤裆下缝线。

⑰ 作育克：根据样衣在后裆弯线上，自腰围线向下取 4cm 为育克起点；在侧缝线上，自腰围线向下取 7cm，作育克驳样。

⑱ 后袋位：按样衣特征作后袋驳样。

2. 腰头及细节部位驳样（见图 5-3-49）

① 腰头：测量所得腰头长为 85＋叠门量（5cm），腰头宽为 4cm。

② 前贴袋：贴袋口宽为 8.5cm，贴袋深为 9.5cm。

③ 门襟：门襟贴布长为 14cm，宽为 5cm，里襟宽为 5.5cm。

 复习思考题

1. 怎样对实物来样进行规格测量？试以男西装为例说明测量部位及方法？

2. 成品驳样与服装结构设计的不同之处有哪些？

3. 成品驳样的制约因素有哪些方面？

4. 成品驳样操作要求主要有哪几方面？

5. 进行一款女衬衫驳样实践。

6. 进行一款男西裤驳样实践。

7. 进行一款女连衣裙驳样实践。

8. 进行一款女套装驳样实践。

参考文献

1. (日)三吉满智子.服装造型学(理论篇)[M].郑嵘,张浩,译.北京:中国纺织出版社,2006.01

2. (日)中屋典子,(日)三吉满智子.服装造型学(技术篇Ⅰ)[M].刘美华,孙兆全,译.北京:中国纺织出版社,2004.10

3. (日)中屋典子,(日)三吉满智子.服装造型学(技术篇Ⅱ)[M].刘美华,孙兆全,译.北京:中国纺织出版社,2004.

4. 张文斌.服装结构设计[M].北京:中国纺织出版社,2006.

5. 陈明艳.女装结构设计与纸样.[M].2版.上海:东华大学出版社,2013.

6. 刘瑞璞.服装纸样设计原理与应用,(女装篇)[M].北京:中国纺织出版社,2008.

7. 李正.服装结构设计教程[M].上海:上海科学技术出版社,2002.

8. 娄明朗.最新服装制板技术[M].上海:上海科学技术出版社,2011.

9. 闵悦.服装结构设计与应用,(女装篇)[M].北京:北京理工大学出版社,2009.

10. 包昌法,徐雅琴.服装规格构成与纸样设计[M].上海:中国纺织大学出版社,2001.

11. 包昌法.服装设计与工艺自学导论[M].上海:中国纺织大学出版社,1999.

12. 闵悦,李淑敏.服装工业制版与推板技术[M].南昌:江西科学技术出版社,2008.

13. 胡强.服装立体裁剪实用技术[M].上海:东华大学出版社,2010.

14. 陈桂林.服装CAD工业制版技术[M].北京:中国纺织出版社,2013.

15. 章永红.女装结构设计,(上)[M].杭州:浙江大学出版社,2005.

16. 阎玉秀.女装结构设计,(下)[M].杭州:浙江大学出版社,2005.

17. 戴建国.男装结构设计[M].杭州:浙江大学出版社,2005.

18. 阎玉秀,章永红.服装样板设计与应用技巧[M].北京:中国纺织出版社,2000.

19. 侯东昱.女装结构设计[M].上海:东华大学出版社,2013.

20. 张岸芬,杨永庆.服装结构设计[M].北京:中国轻工业出版社,2007.

21. 周启凤.服装纸样设计与技术[M].上海:东华大学出版社,2012.

22. 邹平,吴小兵.服装立体裁剪[M].上海:东华大学出版社,2013.

23. 林彬,胡荣.实用服装制版技法[M].北京:中国轻工业出版社,2010.